David Allen und Brandon Hall

Wie ich die Dinge geregelt kriege – Das Workbook

David Allen
und Brandon Hall

Wie ich die Dinge geregelt kriege – Das Workbook

Mit dem 10-Schritte-Programm mehr erreichen

Aus dem Amerikanischen von Helmut Reuter

Mit zahlreichen Schwarz-Weiß-Grafiken

PIPER

Mehr über unsere Autorinnen, Autoren und Bücher:
www.piper.de

Von David Allen liegen im Piper Verlag vor:
Wie ich die Dinge geregelt kriege
Die Dinge gechillt geregelt kriegen
Wie ich die Dinge geregelt kriege – Das Workbook

ISBN 978-3-492-06210-7
2. Auflage 2024

Satz: Tobias Wantzen, Bremen
Gesetzt aus der Skolar Latin
Litho: Lorenz & Zeller, Inning am Ammersee
Druck und Bindung: Pustet, Regensburg
Printed in Germany

Für Brian, Karen, Steve, Kaylor und künftige Generationen. Möget ihr in eurem Leben und in der Welt Projekte und nicht Probleme sehen. Für David und Kathryn, das liebenswürdigste und professionellste Paar, das ich je getroffen habe.

BRANDON HALL

Für alle, die nicht anders können, als selbst dafür zu sorgen, dass sich die Qualität ihres Lebens und die der Welt um sie herum verbessert.

DAVID ALLEN

DAS FINDEN SIE

IN DIESEM WORKBOOK

1 WARUM SIE

DAS BRAUCHEN!

WIR ALLE SOLLTEN

Hi, ich bin David, der für das Buch Getting Things Done (GTD – Wie ich die Dinge geregelt kriege) geforscht und es geschrieben hat, damit Sie ein Leben in stressfreier Produktivität genießen können.

Ich gehe natürlich davon aus, dass Sie das, was für mehr Produktivität erforderlich ist, mit möglichst wenig Aufwand lernen wollen. Doch **eigentlich kommt es allein darauf an, was SIE glauben**. Deshalb bitte ich Sie, ein paar Minuten darauf zu verwenden, auf der folgenden Seite zwischen »Dies« oder »Das« zu wählen.

Gut, vielleicht ist das eine Suggestivfrage, doch die Wirklichkeit sieht genauso aus. Sie haben täglich die Wahl zwischen diesem oder jenem, und selbst wenn Sie die besten Absichten haben, wissen Sie vielleicht nicht, wo Sie erprobte Grundsätze und Systeme finden, die Ihnen helfen, sich aus dem Berg von Anrufen, E-Mails und Papierkram zu befreien.

Und hier komme ich ins Spiel! Die Produktivität der Menschen studiere ich seit Adam … na schön, nicht ganz so lange. Und ich habe gesehen, wie die digitale Revolution, an der wir aktuell teilhaben, noch schneller und umfassender dafür sorgt, dass wir zu viel zu tun und zu wenig Zeit dafür haben.

PRODUKTIVER SEIN

DIES
Unter Druck Ruhe bewahren können
Arbeitspensum kontrollieren können
Kontrolle über das eigene Leben haben
Über verlässlichen Ort für Ideen und Aufgaben verfügen
Perspektive nicht verlieren und auf den eigenen Fokus vertrauen
E-Mail-Postfach im Griff haben
Organisationssystem für alle Unterlagen haben

ODER

DAS
Überfordert und gestresst sein
Wenig Kontrolle über das Arbeitspensum und ständige Überlastung
Keine Kontrolle über das eigene Leben haben
Kein zuverlässiges System, Dinge fallen unter den Tisch
Mit dem Strom treiben und auf das Beste hoffen
In der E-Mail-Flut untergehen
In Stapeln an Papierkram und Zeug versinken

WBMD?

Vielleicht fragen Sie: »Was bringt mir das?« Wenn Sie sich dazu entschließen, den Schritten und Anleitungen in diesem Workbook zu folgen und die zehn Schritte umzusetzen – dann werden Sie definitiv und mit absoluter Sicherheit zum …

RUHIGSTEN,
ORGANISIERTESTEN,
GLÜCKLICHSTEN,
EFFIZIENTESTEN,
ZUVERLÄSSIGSTEN
UND ERFOLGREICHSTEN
MENSCHEN WERDEN,
DER JE AUF ERDEN GEWANDELT IST!

Im Ernst! Denn wenn Sie Ihren Kopf freimachen für das, was er am besten kann – nämlich denken! –, geschieht etwas Erstaunliches.

WARUM PROBIEREN SIE ES NICHT EINFACH AUS?
WAS HABEN SIE ZU VERLIEREN?

Was wäre, wenn ...?

Wenn Sie mehr geistigen Freiraum hätten: Was würden Sie für sich auswählen und was würden Sie tun?

☐ **Kreativer sein?** Was würden Sie tun?

☐ **Strategischer vorgehen?** Was würden Sie tun?

☐ **Innovativer sein?** Was würden Sie tun?

☐ **Liebevoller sein?** Was würden Sie tun?

☐ **Präsenter sein bei allem, was Sie machen?** Was würden Sie tun?

☐ **Was noch?**

SO FUNKTIONIERT

Die Arbeit mit diesem Workbook ist so einfach wie 1, 2, 3, 4:

1. Sehen Sie sich das anschließende Kapitel 2 **»Hier geht's los!«** an ... damit Sie einen Eindruck bekommen, worum es geht.
2. Fangen Sie an, mit den zehn Schritten zu arbeiten ... **IN IHREM EIGENEN TEMPO**. Wir empfehlen Ihnen:
   - *Erledigen Sie die ersten drei Schritte (zum Thema Sammeln) möglichst bald.*
   - *Nehmen Sie sich für die verbliebenen Schritte Zeit – idealerweise sollten Sie eine oder zwei Stunden pro Woche dafür fest einplanen.*
   - *Wenden Sie die* **SCHRITTE IN DER GEGEBENEN REIHENFOLGE** an.
3. Dokumentieren Sie Ihre Fortschritte auf der **LETZTEN SEITE DIESES WORKBOOKS**. Es ist ein gutes Gefühl, Fortschritte zu machen und Dinge abzuhaken.
4. Gehen Sie es mit Spaß an! Die Dinge mögen Ihnen anfangs banal und potenziell langweilig vorkommen – aber, das dürfen Sie mir glauben, am Ende des Regenbogens wartet ein Topf mit Gold auf Sie! Und möglicherweise finden Sie es motivierend, wenn Sie mit Ihren eigenen Arbeitsabläufen zu spielen beginnen – mit Ihrem eigenen Zeug, in Echtzeit, so wie wir es für Sie konzipiert haben. Tausende machen das so – schließen Sie sich uns an.

Sie sind kreativer, als Sie vielleicht glauben!

DIESES WORKBOOK

Halten Sie in diesem Workbook Ausschau nach den folgenden Symbolen. Schritt für Schritt erreichen Sie das nächste Level an Produktivität.

Einblicke: Genießen Sie die Geschichten und Anekdoten von David Allen und der Gemeinschaft aller, die die GTD-Methode nutzen (wir nennen sie GTDler), inklusive der Tipps und Tricks sowie der Weisheiten und Zitate des Autors.

Tiefer eintauchen: Es gibt Prinzipien, über die Sie vielleicht mehr erfahren und die Sie detaillierter kennenlernen möchten. Wir zeigen Ihnen, wo Sie in diesem Workbook, im GTD-Buch selbst oder mithilfe von QR-Codes weitere Informationen finden.

Häufig gestellte Fragen: Lernen Sie von den häufigst gestellten Fragen und Antworten, die David und die GTD-Gemeinschaft bereitstellen.

Jetzt handeln: Wann immer Sie dieses Zeichen sehen, sind Sie nun an der Reihe, das Gelernte auszuprobieren. Es sind Ihre Zeit und Ihr Raum, alle Gedanken, Ideen und Erkenntnisse aufzuschreiben, die Ihnen zu mehr Produktivität verhelfen.

Dokumentation der Fortschritte: Wie unter 3. erwähnt, können Sie hier Ihre Fortschritte nachverfolgen.

Checklisten: Wenn Sie die mit jeder der fünf GTD-Phasen verbundenen Schritte abgeschlossen haben, finden Sie eine Checkliste mit einer kurzen Zusammenfassung der behandelten Schritte. Diese Checklisten werden Sie dabei unterstützen, GTD weiterhin in Ihrem Leben anzuwenden. Betrachten Sie sie als Spickzettel, die zusammenfassen, was Sie zu tun haben.

HIER

2

GEHT'S LOS!

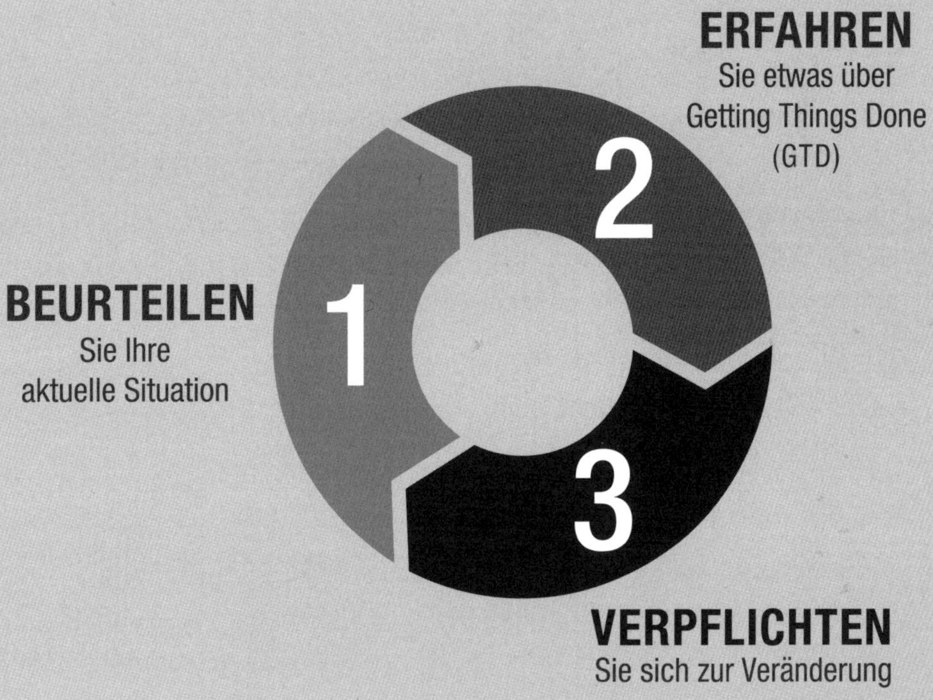

ERFAHREN
Sie etwas über
Getting Things Done
(GTD)
2
BEURTEILEN
Sie Ihre
aktuelle Situation
1
3
VERPFLICHTEN
Sie sich zur Veränderung

BEURTEILEN SIE IHRE

Eine (kurze, aber äußerst hilfreiche) Selbsteinschätzung Ihrer aktuellen Situation

Ehe wir in GTD eintauchen, wollen wir einschätzen, wie Sie in Ihrer Welt die Dinge derzeit regeln. Wenn Sie die folgenden Fragen bewerten, sollten Sie sowohl Ihr berufliches als auch Ihr privates Umfeld bedenken. In beiden Bereichen möchten Sie produktiver sein; Sie möchten dort Perspektive und Kontrolle erreichen. Bewerten Sie die folgenden Aussagen anhand der vorliegenden Skala:

Bewertungsskala

1 = Trifft absolut nicht zu; **2** = Trifft nicht zu; **3** = Unentschieden; **4** = Trifft zu; **5** = Trifft voll und ganz zu

1	Ich notiere Ideen und To-dos, sobald sie mir in den Sinn kommen.	1 2 3 4 5
2	Ich führe eine vollständige Liste aller meiner nächsten Schritte.	1 2 3 4 5
3	Ich halte fest, worauf ich von anderen Menschen warte.	1 2 3 4 5
4	Mein Kalender enthält nur Termine und tagesspezifische Informationen, die ich wirklich brauche.	1 2 3 4 5
5	Ich habe eine Liste aller meiner aktuellen Projekte.	1 2 3 4 5
6	Ich habe mindestens einen nächsten Schritt für jedes meiner Projekte.	1 2 3 4 5
7	Ich kriege meinen E-Mail-Posteingang fast jeden Tag auf null, indem ich jede einzelne Mail durchgehe und sie entsprechend verarbeite.	1 2 3 4 5
8	Ich kann Referenzmaterial bei Bedarf leicht abrufen und darauf zugreifen, unabhängig davon, ob es papierbasiert oder digital ist.	1 2 3 4 5

AKTUELLE SITUATION

9	Ich habe überall Eingangskörbe, um Zeugs zu sammeln. Egal, ob papierbasiert oder digital.	1 2 3 4 5
10	Ich leere so gut wie täglich meine papierbasierten Eingangskörbe.	1 2 3 4 5
11	Wenn ich aus meinem System falle, komme ich wieder auf Kurs, indem ich meine nächsten Schritte, Projekte und meinen Kalender durchsehe.	1 2 3 4 5
12	Ich nehme mir jede Woche Zeit, um zu überprüfen, wie es mir mit meinen beruflichen/privaten Aufgaben geht.	1 2 3 4 5
13	Ich habe einen vertrauenswürdigen Ort, welchen ich leicht finden und durchsehen kann, um zusätzliche Informationen zu meinen aktuellen Projekten zu erhalten.	1 2 3 4 5
14	Ich habe einen Orientierungsrahmen, den ich nutzen kann, um auszusuchen, woran ich zu einem bestimmten Zeitpunkt arbeiten möchte.	1 2 3 4 5
15	Wenn unerwartete Anforderungen oder Unterbrechungen auftreten, kann ich das Neue leicht im Verhältnis zu meinen anderen Aufgaben priorisieren.	1 2 3 4 5

Gesamtpunktzahl: ______ von 75

Auswertung

15–30 Sie brauchen diesen Kurs! Wir bringen Sie da durch.

31–46 Sie bekommen bereits ab und zu einen Einblick, wie es sich anfühlt, ein produktives Leben zu führen.

47–62 Sie sind schon ganz gut dabei. Weiter so!

63–75 Sie sind kurz davor, GTD-Meister zu werden! Diese letzte Feinabstimmung wird einen großen Einfluss auf Sie haben.

Am Ende dieses Workbooks haben Sie die Möglichkeit, sich noch einmal zu bewerten und Ihre Fortschritte zu sehen.

LERNEN SIE GTD KENNEN

Das Ziel von GTD ist es, Ihren Workflow so zu organisieren, dass Sie künftig stressfrei und produktiv zugleich sind. Der Ansatz besteht aus fünf einfachen Phasen. **Verinnerlichen Sie das, denn die zehn Schritte, mit denen Sie sich gleich befassen werden, sind alle in diese fünf Phasen eingebettet**. Außerdem ist es immer gut, sich den großen Überblick zu verschaffen, ehe man in die Details eintaucht!

Die fünf Phasen von GTD

Mehr Infos gibt es über diesen QR-Code – Die 5 Phasen von GTD

Damit Sie GTD verstehen und anwenden können, ist es hilfreich, den eigenen Workflow zu erkennen und zu begreifen, wie wichtig ein gutes System ist. Dabei muss es sich um ein **externes**, ein ausgelagertes, System handeln – nicht um Ihren Kopf (denn Neurowissenschaftler sind zu dem Schluss gekommen, dass das Gehirn ein lausiges Büro ist).

Workflow

Der Workflow stellt die Abfolge aller Tätigkeiten dar, die vom Erstkontakt mit einer Aufgabe oder Verpflichtung bis zu deren Fertigstellung erforderlich sind. Er umfasst all das Zeug, das sowohl von außen als auch von innen – durch Ihr eigenes kreatives Denken – auf Sie einprasselt. Ein guter Workflow hilft Ihnen, all diese Dinge im Auge zu behalten, bis sie erledigt oder verworfen sind. Das kann eine Anfrage Ihres Vorgesetzten sein, eine Idee für die Marketing-Kampagne oder die E-Mail von Ihrem Nachbarn zum Thema Müllabholung. GTD hilft Ihnen dabei, alle Abläufe, die privat oder beruflich Ihre Aufmerksamkeit beanspruchen, parallel zu steuern.

System

Außerdem brauchen Sie ein System, das sowohl umfassend als auch zuverlässig ist. Vor allem sollte es ein System sein, dem Sie vertrauen. Stellen Sie sich vor, wie sich Ihr Stresspegel verringert, wenn Sie sich darauf verlassen können, dass nichts unter den Tisch fällt, wenn Sie eine vollständige Liste aller Aufgaben und Projekte haben, um die Sie sich kümmern müssen, und wenn Sie ganz genau wissen, wo Sie die erforderlichen Informationen abrufen können. Wenn Sie das GTD-System Schritt für Schritt umsetzen, werden Sie feststellen, dass Sie ihm Vertrauen schenken können. Sobald das geschafft ist, werden Sie sich darauf verlassen wie auf einen treuen Blindenhund. Sie werden es sicher schon bald täglich nutzen und damit arbeiten. Denn mit diesem System müssen Sie die Dinge nicht länger im Kopf behalten: Sie brauchen sich nicht mehr zu merken, wann Sie dieses oder jenes zu erledigen haben, und andere werden bemerken, wie verlässlich Sie sind. Und vor allem werden Sie auf sich selbst zählen können! Ihr Selbstvertrauen wird wachsen, der Stress wird nachlassen, und Sie werden zum GTD-Profi.

Phase 1: Sammeln

In dieser ersten Phase achten Sie darauf, wirklich alles zu **sammeln**, was »hereinkommt«. Dazu gehören E-Mails, Papierkram, Notizen aus Meetings und Verpflichtungen, die sich aus Gesprächen und den Meetings ergeben. Eingeschlossen sind auch Ihre eigenen Ideen und alles, was Sie im Kopf haben und sich merken müssen, aber auch alles, was Ihre Aufmerksamkeit erfordert. Das heißt, jedes »könnte«, »sollte«, »müsste«, »möchte-ich-vielleicht« und »wäre-schön-wenn«, das Ihnen durch den Kopf geht, aber noch nicht dokumentiert ist.

Diese Dinge sammeln Sie an einem verlässlichen Ort. Das HEISST NICHT, dass Sie all das in diesem Moment auch erledigen. In dieser Phase *sammeln* Sie es nur für später. In diesem Workbook werden wir die Möglichkeiten erörtern, wie Sie diese Dinge sammeln können. Zu den wichtigsten gehören:

- physischer Eingangskorb für Papier
- Stift und Papier
- Smartphone für Notizen oder Spracherinnerung
- E-Mails und andere digitale Notizen

Mit GTD machen Sie diese Werkzeuge zu einem Teil Ihres täglichen Arbeitens und Lebens.

Scannen Sie den QR-Code und erfahren Sie von David Allen mehr über diese Phase.

+

Mehr dazu finden Sie zudem in Kapitel 5 des GTD-Buches »Wie ich die Dinge geregelt kriege«.

Phase 2: Verarbeiten

Sobald Sie diese Dinge an einem Ort gesammelt haben, folgt als nächste Phase das **Verarbeiten**; dabei wird für jeden Punkt festgelegt, was damit zu tun ist. Sie werden die besten Vorgehensweisen kennenlernen, um E-Mails, Sprachnachrichten, Texte und Stapel von Notizen und Belegen, die vor Ihnen liegen, zu bearbeiten.

In dieser Phase verlagern Sie Ihr Zeug vom »Eingang« dorthin, wo es sein soll. Sie klären, was jeder von Ihnen gesammelte Punkt genau ist, und bestimmen, was in Hinblick darauf als Nächstes zu tun ist. Ist es »Abfall«? Oder gehört es zur Kategorie »Für einen späteren Zeitpunkt zurückstellen«?

WARUM VERARBEITEN SO WICHTIG IST

Der ganze Papierkram und viele andere Dinge befinden sich nun in Ihrem Eingangskorb. Unaufhörlich treffen weitere E-Mails ein. Darüber hinaus haben Sie all diese Ideen und nächsten Schritte, die Sie während der Gedankensammlung (darauf werden wir später eingehen) notiert haben.

Ohne das Verarbeiten bleibt all das Zeug, das Sie gesammelt haben, im »Eingang«. Selbst wenn Sie alle Punkte gesammelt haben, ist Ihr System ohne das Verarbeiten nicht wasserdicht. Ohne eine vollständige Verarbeitung gibt es keine Hoffnung auf stressfreie Produktivität. Ihr Zeug bleibt weiterhin nichts weiter als »Zeug«.

»Über Ihr Zeug müssen Sie mehr nachdenken,
als Sie glauben, aber nicht so viel,
wie Sie möglicherweise befürchten.«

DAVID ALLEN

Scannen Sie den QR-Code und erfahren Sie von David Allen mehr über diese Phase.

+

Mehr dazu finden Sie zudem in Kapitel 6 des GTD-Buches »Wie ich die Dinge geregelt kriege«.

Phase 3: Organisieren

Wenn Sie jeden Punkt verarbeitet haben, legen Sie das jeweilige Element entweder in den Abfall oder an den passenden Ort Ihres Systems, wo Sie bei Bedarf darauf zugreifen können. Die Phase des **Organisierens** garantiert, dass der Ort, an dem etwas abgelegt ist, mit Ihrer Erwartung übereinstimmt, es genau dort auch zu finden. Sie werden lernen, wie Sie mit Dingen, die eine Aktion erfordern, umgehen müssen. Solche Dinge werden Sie mit folgenden Hilfsmitteln bestimmen:

- Aktueller Terminkalender
- Liste Ihrer Projekte und Ihrer nächsten Schritte
- Liste der Dinge, auf die Sie von jemand anderem warten
- Unterlagen für Projektpläne und Referenzmaterial

»Ich bin nicht von Natur aus organisiert (fragen Sie meine Frau!). Ich bin von Natur aus faul. Ich hasse es, erneut darüber nachzudenken, was etwas ist und was es für mich bedeutet. Deshalb lege ich es an seinem festgelegten Ort ab, womit das Nachdenken darüber erledigt ist. Dann habe ich die Freiheit, einfach zu entscheiden, worauf ich mich im Moment einlasse.«

DAVID ALLEN

Scannen Sie den QR-Code und erfahren Sie von David Allen mehr über diese Phase.

+

Mehr dazu finden Sie zudem in Kapitel 7 des GTD-Buches »Wie ich die Dinge geregelt kriege«.

Phase 4: Durchsehen

Wenn Sie sich die Zeit zum **Durchsehen** nehmen, um auf den aktuellen Stand zu kommen, behalten Sie den Überblick über die Dinge, mit denen es früher oder später etwas zu tun gilt. Sie werden lernen, sich das Gesamtbild Ihrer Aktivitäten erneut vor Augen zu führen; Sie bekommen die Zeit, sich selbst zu reflektieren und Ihr GTD-System zu verbessern.

Sie werden erfahren, wie Sie diesen Prozess des Durchsehens zum Teil Ihres Wochenplans machen. Das ist ein Kernbestandteil der GTD-Methode: der GTD-Wochenüberblick.

»Machen Sie etwas mit dem, worüber Sie nachdenken;
denken Sie über das nach, was Sie machen.
Gelegentlich müssen wir den Wald bewirtschaften,
anstatt einfach die Bäume zu umarmen.«

DAVID ALLEN

Scannen Sie den QR-Code und erfahren Sie von David Allen mehr über diese Phase.

+

Mehr dazu finden Sie zudem in Kapitel 8 des GTD-Buches »Wie ich die Dinge geregelt kriege«.

Phase 5: Erledigen

Wenn Sie Ihre Arbeit *machen*, bedeutet **Erledigen**, so zu handeln, dass Sie Ihre Aufgabe wirklich abschließen können. Zu entscheiden, was in diesem Augenblick zu tun ist – und darauf zu vertrauen, dass Ihre Entscheidung richtig ist –, ist diese letzte Phase der GTD-Methode.

Sie werden erfahren, wie Sie abhängig von Ort, Zeit und Energie, die Ihnen genau in diesem Moment zur Verfügung stehen, verlässliche Entscheidungen treffen können. Außerdem werden Sie die unterschiedlichen Ebenen Ihrer Verpflichtungen sich selbst und anderen gegenüber kennenlernen.

»Tu es. Oder tu es nicht. Es gibt kein Versuchen.«
YODA

Scannen Sie den QR-Code und erfahren Sie von David Allen mehr über diese Phase.
+
Mehr dazu finden Sie zudem in Kapitel 9 des GTD-Buches »Wie ich die Dinge geregelt kriege«.

VERPFLICHTEN SIE SICH ZUR VERÄNDERUNG

Wo wären Sie am liebsten, wenn Sie dieses Workbook abgeschlossen und GTD in die Tat umgesetzt haben? Stellen Sie sich vor, dass nichts Sie daran hindern könnte, das zu bekommen, was Sie wollen. Erlauben Sie sich, im großen Maßstab zu denken, indem Sie sich vorstellen, dass Sie nicht scheitern können. Tragen Sie unter den Fragen ein, was Sie sich für sich selbst wünschen.

1. Was wollen Sie in den nächsten drei bis sechs Monaten erreichen – beruflich und privat?
2. Wie wollen Sie sich in Bezug auf Ihr Stresslevel und Ihr Selbstvertrauen fühlen?
3. Was sind die zwei oder drei Herausforderungen, die Sie mit Produktivitätssteigerung am dringendsten lösen wollen?
4. Wenn es härter wird, und das wird es: Wie motivieren Sie sich, was sagen Sie sich selbst, um dieses Workbook bis zum Ende durchzuarbeiten und Ihr Ziel zu erreichen?
5. Mit wem wollen Sie Ihre Gedanken und Vorsätze auf dieser Seite teilen? (Veränderung fällt leichter, wenn Sie sich zumindest einer Person gegenüber verpflichtet fühlen.)

DIE 10 SCHRITTE FÜR

3

STRESSFREIE PRODUKTIVITÄT

DOKUMENTIEREN SIE

Es gibt zehn Schritte oder Aktivitäten, die GTD ausmachen. Wenn Sie sich an die Anleitung für diese Schritte gehalten haben, ist Ihr GTD-System vollständig ausgebildet. Denn das ist die Realität: *Sie haben eine Menge um die Ohren.* Es kann Sie motivieren, Ihre eigenen Fortschritte zu sehen. Deshalb empfehlen wir, Ihre persönliche Entwicklung im letzten Abschnitt des Workbooks zu dokumentieren.

GTD setzt sich aus fünf Phasen zusammen. Die folgende Tabelle zeigt uns, wie diese fünf Phasen mit den zehn Schritten verknüpft sind. Bemühen Sie sich nicht, diese Verknüpfung jetzt auswendig zu lernen – der Zusammenhang wird im Verlauf des Workbooks deutlich.

»Der Weg, alles unter Kontrolle zu bringen,
seien es Ihre Küche, Ihre Firma oder Ihr Bewusstsein,
führt über Sammeln, Verarbeiten,
Organisieren, Durchsehen und Erledigen.«
DAVID ALLEN

IHRE FORTSCHRITTE

DIE 10 SCHRITTE FÜR STRESSFREIE PRODUKTIVITÄT

Sammeln

Schritt 1	Sammeln Sie allen eingehenden Papierkram in einem Eingangskorb	Datum
Schritt 2	Wählen Sie Ihr Sammelwerkzeug	Datum
Schritt 3	Führen Sie eine Gedankensammlung durch	Datum

Verarbeiten

Schritt 4	Leeren Sie Ihren Eingangskorb	Datum
Schritt 5	Leeren Sie Ihr E-Mail-Postfach	Datum

Organisieren

Schritt 6	Erstellen Sie Ihre Nächste-Schritte-Liste und andere Listen	Datum
Schritt 7	Behalten Sie Ihre Projekte auf einer einzigen Liste im Blick	Datum
Schritt 8	Richten Sie Ordner ein, um organisiert zu bleiben	Datum

Durchsehen & Erledigen

Schritt 9	Führen Sie einen GTD-Wochenüberblick durch	Datum
Schritt 10	Nehmen Sie eine tägliche Durchsicht vor	Datum

SCHRITT 1

Sammeln Sie allen eingehenden Papierkram in einem Eingangskorb

Warum Sie diesen Schritt brauchen!

FALLS Ihr Umfeld so aussieht:

- Stapelweise Papiere, Akten, Notizen, Post-its und Erinnerungszettel, die darauf warten, bearbeitet zu werden, sobald Sie es »schaffen, sich darum zu kümmern«.
- Die Notizen vom Telefonat der letzten Woche, auf dem die Informationen für die heutige Konferenz stehen, sind unauffindbar.

FALLS Sie sich überfordert fühlen ... und wenn die Dinge außer Kontrolle geraten sind und es keine eindeutige Möglichkeit gibt, wieder alles in den Griff zu bekommen, ohne Stunden - oder Tage - mit dem Versuch zu verbringen, Ordnung zu schaffen ...

FALLS das auf Sie zutrifft, dann ist dies der erste Schritt, um zu einer vertrauten Organisation zu gelangen. Damit bauen Sie Ihr eigenes GTD-System auf. Es wird dazu beitragen, dass diese Probleme gelöst werden und das auch künftig so bleiben wird - so lange, wie Sie GTD anwenden.

»Wenn Sie dem, was Ihre Aufmerksamkeit beansprucht,
keine Aufmerksamkeit schenken,
wird es mehr Aufmerksamkeit beanspruchen, als es verdient.«

DAVID ALLEN

Realitätscheck!

Nehmen Sie sich ein paar Minuten für eine rasche Einschätzung des Papierkrams und alles anderen physischen »Zeugs« in Ihrer aktuellen Umgebung. Prüfen Sie alles, was in der Tabelle aufgeführt ist:

	WAS?	ZAHL DER ORTE
☐	Papierstapel	
☐	Haftzettel	
☐	Erinnerungshilfen	
☐	Aufgabenlisten	
☐	Notizbücher mit Notizen	
☐	Terminkalender auf Papier	
☐	Andere verwendete Papierprodukte	
☐	Weitere Dinge in Ihrem Umfeld, die sich nicht dort befinden, wo sie hingehören.	

SCHRITT 1

Step-by-Step

1. Beschaffen Sie zwei Eingangskörbe, die Ihnen als »Eingang« dienen.
2. Sammeln Sie alle losen Papiere, Notizen und Erinnerungen und legen Sie sie in Ihren Eingangskorb.

1. Beschaffen Sie zwei Eingangskörbe, die Ihnen als »Eingang« dienen.

Nutzen Sie einen für die Arbeit, den anderen für zu Hause oder für Privates.

Diese Eingangskörbe dienen als eine physisch sichtbare Begrenzung, in der all Ihre anfallenden Papiere vorübergehend bleiben werden. Ihre Eingangskörbe werden diese Dinge bewahren, bis Sie für die nächsten Schritte bereit sind.

Ihr *Arbeits-Eingangskorb* sollte in Reichweite platziert werden - gewöhnlich auf Ihrem Schreibtisch.

Ihr *privater Eingangskorb* sollte sich an einem Ort befinden, der für Sie und andere in Ihrem Haushalt gut erreichbar ist, damit Notizen, Post und andere Dinge für Sie dort hineingelegt werden können.

HIER ANHALTEN
Ehe Sie weitermachen, besorgen Sie sich zwei Eingangskörbe, beschriften Sie diese mit »Eingang« und platzieren Sie sie an den vorgeschlagenen Orten.

2. Sammeln Sie alle losen Papiere, Notizen und Erinnerungen und legen Sie sie in Ihren Eingangskorb.

- Sammeln Sie alle eingehende Post, To-do-Listen, Erinnerungen, Notizzettel und alles andere »Zeug«, das Ihre Aufmerksamkeit beansprucht. Wirklich alles.
- Legen Sie alles, was Ihre ARBEIT betrifft, in Ihren Arbeits-Eingangskorb.
- Legen Sie alles, was Privates oder Ihr ZUHAUSE betrifft, in Ihren Eingangskorb für zu Hause.

Dieser Schritt ist entscheidend – er ist der erste wesentliche Teil Ihrer neuen GTD-Praxis. Wenn Sie diesen Schritt durchführen, werden Sie wahrscheinlich gleich das positive Gefühl von Kontrolle über all den Papierkram und das Zeug spüren, das herumliegt und jeden Tag hereinkommt. Ihr Eingangskorb sollte der einzige Ort sein für alles, was so anfällt.

»Ihr Kopf ist dazu da, Ideen zu haben, nicht, um sie dort zu halten.«

DAVID ALLEN

WAS JETZT?

Wohin wandern all das Papier und das Zeug von hier aus? Bei einem späteren Schritt namens »Eingangskorb leeren« werden Sie erfahren, wie Sie mit diesen Dingen am besten umgehen. Aber dorthin sollten Sie jetzt noch nicht gehen! Stattdessen machen Sie mit Schritt 2 weiter.

Scannen Sie diesen QR-Code und erfahren Sie von David Allen mehr über diesen Schritt …

Meine Frau Kathryn und ich nutzen in unserer Wohnung seit Jahrzehnten jeweils einen eigenen Eingangskorb – wo immer wir auch leben. Momentan wohnen wir in Amsterdam. Jeder Eingangskorb ist mit dem Namen des Besitzers beschriftet und dient als Ort für Post, Notizen oder andere Dinge, die wir dort ablegen, wenn der andere nicht da ist oder wir nicht stören wollen.

Wir können die Gesellschaft des jeweils anderen genießen, ohne von dem Zeug der »Alltagsgeschäfte« abgelenkt zu werden, weil wir beide ein System haben, mit dem wir alles verarbeiten.

Ganz nebenbei: Auf Holländisch heißen die Eingangskörbe *inbakjes*.

GRATULATION!

Sie haben Schritt 1 erfolgreich abgeschlossen!

Gehen Sie zur letzten Seite des Workbooks und bringen Sie Ihre Fortschrittsdokumentation mit dem heutigen Datum auf den neuesten Stand!

SCHRITT 2

Wählen Sie Ihr Sammelwerkzeug

Warum Sie diesen Schritt brauchen!

FALLS Ihr Umfeld so aussieht:

- Sind Sie je aus einem Meeting oder einem Gespräch gekommen und haben geglaubt, Sie hätten eine Abmachung, nur um zum Schreibtisch zurückzukehren und festzustellen, dass **nichts vorangeht**? Weder durch Sie noch durch andere?

Wenn nichts vorangeht, liegt das gewöhnlich daran, dass niemand den *Punkt festgehalten hat, der eine Aktion erfordert*. Für Ihren Erfolg ist es entscheidend, dass Sie Ihre Punkte mit Handlungsbedarf sammeln – und nachverfolgen.

Später werden Sie eine Nächste-Schritte-Liste erstellen. Wenn Dinge, die Handlungen erfordern, nicht gesammelt werden, vergessen wir sie, und es geschieht nichts. Kurz, Dinge fallen durchs Raster. Mit dem Sammeln dieser Dinge wird genau das verhindert.

Dieser Schritt – das Sammeln von Punkten mit Aktionsbedarf – dient als wertvoller Antrieb; er lässt Sie und andere produktiv vorankommen. Diese simple Praktik wird nicht nur Ihre Fähigkeit verbessern, Dinge fertigzustellen; sie wird auch bei den Personen in Ihrem Umfeld den Fokus auf erforderliche Aktionen richten.

DAS HABEN ANDERE GESAGT …

»Inzwischen habe ich jahrelang nächste Schritte gesammelt. Wie oft ich das genutzt habe, kann ich Ihnen gar nicht sagen – mit wem ich auch gearbeitet habe, seien es Kollegen, Kunden, Lieferanten, Familienangehörige. Während andere Gedanken nur im Kopf erfassen, zücke ich mein Notizbuch und schreibe es auf. Sie wissen, dass ich ernst nehme, was sie sagen, und respektieren das.«

»Das kleine Notepad, das ich immer zur Hand habe, ist toll! Ich verwende es andauernd. Es begleitet mich überallhin …«

»Ich diktiere eine E-Mail an mich selbst, zu jeder Zeit, an jedem Ort – das hat meine Gewohnheiten verändert.«

SCHRITT 2

Step-by-Step

1. Haben Sie immer ein Sammelwerkzeug griffbereit.
2. Sammeln Sie jeden Punkt oder jede Idee mit Aktionsbedarf sofort, besonders bei Meetings, Gesprächen und persönlichen Überlegungen.
3. Legen Sie mindestens einmal pro Tag alle gesammelten Notizen zusammen in den Eingangskorb.

1. Haben Sie immer ein Sammelwerkzeug griffbereit.

Das könnten ein Smartphone oder Stift und Papier sein.

SMARTPHONE

Möglicherweise ziehen Sie es vor, das Smartphone zu nutzen, weil es immer in der Nähe ist.

Sie könnten:

- eine Notizbuch-App zum Schreiben nutzen
- oder mittels einer Aufnahme-App diktieren
- oder eine E-Mail an sich selbst senden (dazu gibt es hilfreiche Apps)

STIFT UND PAPIER

Wenn Sie manuelles Sammeln bevorzugen, sollten Sie immer einen kleinen Block und einen Stift in der Tasche haben.

David sagt: »Mein Sammeln erfolgt zu 95 Prozent ›Low-Tech‹ – mit Stift und Papier. So schalte ich meinen inneren Widerstand gegen das Sammeln aus. Keine Klicks, Batterien oder Wi-Fi erforderlich!«

Realitätscheck!

Was bevorzugen Sie? Jeder von uns hat eine Präferenz. Nehmen Sie sich einen Augenblick Zeit und finden Sie heraus, zu welchem Sammelwerkzeug Sie sich naturgemäß hingezogen fühlen. Greifen Sie nicht auf das Werkzeug zurück, das Sie vielleicht nur deswegen gern nutzen möchten, weil es cool oder praktisch erscheint.

1. Es gibt nicht die eine richtige Antwort – nur das, was für Sie richtig ist. Also, arbeiten Sie lieber digital oder papierbasiert?
2. Wie sammeln Sie derzeit und normalerweise Dinge? Digitale Notizen, handschriftliche Notizen, E-Mail oder Tonaufnahme?
3. Wenn Sie den idealen Weg zum Sammeln nächster Schritte wählen sollten: Wie würde das für Sie aussehen?

2. Sammeln Sie jeden Punkt oder jede Idee mit Aktionsbedarf sofort, besonders bei Meetings, Gesprächen und persönlichen Überlegungen.
Lassen Sie es nicht länger zu, dass gute Ideen oder vereinbarte Verpflichtungen durch das Raster fallen.

Hier einige Beispiele, wie GTDler nächste Schritte und Ideen sammeln, sobald sie auftauchen:
»Ich schreibe Dinge auf Karten, die ich in der Brieftasche dabeihabe.«
»Ich sende mir E-Mails per Smartphone.«
»Ich kritzle die Dinge in meinen kleinen Notizblock, den ich in der Tasche trage.«
»Ich halte auf jedem meiner Schreibtische Stift und Notizblock bereit, um alles aufzuschreiben, was aufpoppt.«

3. Legen Sie mindestens einmal pro Tag alle gesammelten Notizen zusammen in den Eingangskorb.

Sie haben Notizen von Meetings, einzelne Anmerkungen und Ideen, die Sie schriftlich festgehalten haben. All das schnappen Sie sich und legen es in Ihren »Eingang«.

Alternativ dazu können Sie im Lauf des Tages alles direkt auf der entsprechenden Liste (digital oder Papier) notieren, z. B. Nächste Schritte, Warten auf, Irgendwann/Vielleicht oder andere. (Solche Listen werden Sie später erstellen.)

Das ist es schon. Einfach – und riesig.

Häufig gestellte Fragen

Wählen Sie Ihr Sammelwerkzeug

Was ist, wenn mein Partner oder mein Team kein GTD praktizieren? Kann ich trotzdem nächste Schritte sammeln, auch wenn andere dabei sind?
Ja. Mit dieser einfachen Praxis können Sie helfen, Produktivität und Aktionen der Menschen in Ihrem Umfeld positiv zu beeinflussen. Für Teams, die zu den GTD-Anwendern gehören, wird das zur Norm. Doch selbst wenn Sie der einzige GTDler sind, können Sie mit dieser Arbeitsweise sogar die ganze Firmenkultur beeinflussen.

Brauche ich Sammelwerkzeuge für zu Hause und fürs Büro?
Ja. Es werden wahrscheinlich die gleichen sein. Sie möchten etwas, was überall leicht benutzbar und verlässlich ist.

Ist ein Werkzeug besser als das andere?
Nicht zwangsläufig. Das beste Sammelwerkzeug ist eines, das für Sie einfach und verlässlich funktioniert. Whiteboards werden abgewischt, Haftzettel können verloren gehen, und deshalb ist keines von beiden so effektiv wie ein Notizblock oder ein Smartphone.

Wie viele Sammelwerkzeuge sollte ich haben?
Je weniger, desto besser. Ein Smartphone können Sie immer dabeihaben; ein größerer Block eignet sich gut, um in Meetings oder bei Telefonaten Notizen zu machen.

Stellen Sie sicher, dass diese gesammelten Punkte täglich in Ihrem Eingangskorb oder auf einer Ihrer Listen landen.

Sie können sowohl Ihre Produktivität als auch Ihre Kreativität exponentiell steigern, wenn Sie es sich zur Gewohnheit machen, zur richtigen Zeit die richtigen Dinge zu sammeln. Wenn Sie Punkte mit potenziellem Aktionsbedarf in dem Moment erfassen, in dem sie auftreten, schaffen Sie sich die Dinge aus dem Kopf und verlagern sie auf Papier oder ein digitales Gerät. Das hilft Ihnen, sowohl zu Hause als auch bei der Arbeit mehr Dinge abzuschließen.

»Ihr Kopf ist ein lausiges Büro!«

DAVID ALLEN

GRATULATION!

Sie haben Schritt 2 erfolgreich abgeschlossen!

Gehen Sie zur letzten Seite des Workbooks und bringen Sie Ihre Fortschrittsdokumentation mit dem heutigen Datum auf den neuesten Stand!

SCHRITT 3

Führen Sie eine Gedankensammlung (Mind Sweep) durch

Warum Sie diesen Schritt brauchen!

In **Schritt 1** haben Sie allen anfallenden Papierkram und alles Zeug an einem Ort GESAMMELT.

In **Schritt 2** haben Sie festgelegt, wie Sie alle während des Tages hereinströmenden Ideen und nächsten Schritte SAMMELN.

In **Schritt 3** werden Sie alles SAMMELN, was Ihnen im Kopf herumgeht, und es zu Papier bringen. Ihr Kopf ist dazu da, Ideen zu *haben*, nicht sie zu *halten*. Mithilfe der Gedankensammlung können Sie sich Dinge aus dem Kopf schaffen und sie in Ihr GTD-System übertragen.

Wenn es Ihnen wie den meisten anderen geht, haben Sie eine ganze Menge im Kopf – Dinge, die gesammelt und aufgeschrieben werden sollen. Am besten schreiben Sie alles auf, was Ihre Aufmerksamkeit beansprucht:

- alles, zu dessen Ausführung Sie sich verpflichtet haben
- alles, was Sie tun möchten
- alles, was Sie zu tun planen
- kreative Ideen, die Ihnen nicht entgleiten sollen

Wenn Sie all das niederschreiben, bekommen Sie es aus dem Kopf und auf Papier – in Ihren »Eingang«. Wahrscheinlich werden Sie auch feststellen, dass Sie sich nach einer Gedankensammlung direkt *besser fühlen*. Ihr Kopf ist frei und klar. Keine Handlung mehr, an die Sie sich erinnern müssten oder von der Sie befürchten, sie zu vergessen.

Wasserklarer Geist

Stellen Sie sich vor, Ihr mentaler Raum wäre vollkommen klar, sodass nichts Unproduktives an Ihnen zerrt oder Sie bedrängt. Sie könnten 100 Prozent Ihrer Aufmerksamkeit genau dem widmen, was gerade anliegt – ohne Ablenkung.

Mit einem »wasserklaren Geist« können Sie sich frei auf das konzentrieren, was Sie wollen. Sie sind für alles bereit. In herausfordernden Situationen sind Sie in der Lage, angemessen zu reagieren – wie Wasser sich immer an die Umgebung anpasst. Insgesamt ist GTD darauf angelegt, Sie zu diesem Zustand zu führen – das gilt besonders für diesen Schritt: Leeren Sie Ihren Kopf regelmäßig mit der Gedankensammlung.

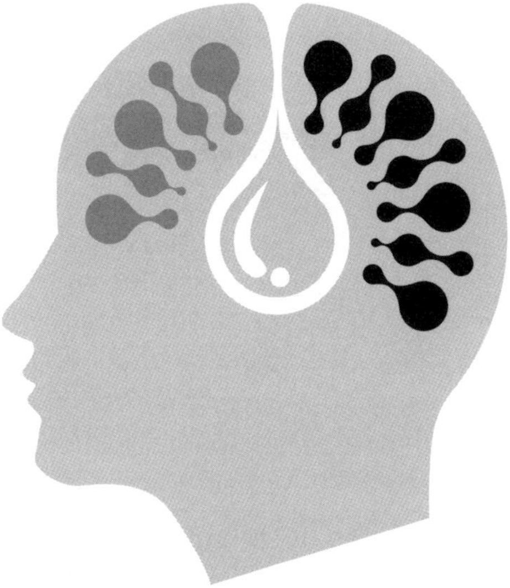

SCHRITT 3

Step-by-Step

1. Planen Sie 20 oder 30 Minuten für eine Gedankensammlung ein.
2. Schließen Sie Ihre erste Gedankensammlung ab.
3. Legen Sie alles, was Sie gesammelt haben, in Ihren Eingangskorb.

1. Planen Sie 20 oder 30 Minuten für eine Gedankensammlung ein.

WAS IST EINE GEDANKENSAMMLUNG ÜBERHAUPT?

Dabei schreiben Sie einfach alles auf, was Ihnen durch den Kopf geht. Auf diese Weise klären Sie Ihr Denken – Sie sammeln absolut alles, was Sie beschäftigt, und halten es auf Papier fest.

2. Schließen Sie Ihre erste Gedankensammlung ab.

Suchen Sie sich einen so ruhigen Ort wie möglich, an dem Sie diesen Schritt durchführen können.

Halten Sie Papier und Stift bereit. Sie können auch die nächsten leeren Seiten in diesem Workbook nutzen, wenn Sie möchten.

Beginnen Sie damit, wirklich *alle* Gedanken, Ideen oder Projekte zu sammeln, die Ihnen durch den Kopf gehen und Ihre Aufmerksamkeit beanspruchen. Stellen Sie sich das wie eine *vollständige* Entrümpelung Ihres Gehirns vor.

Wenn Sie jeden Gedanken auf einem eigenen Blatt Papier festhalten, erleichtert das die folgenden Schritte. Sie können ebenso gut alles auf eine lange Liste schreiben oder digital festhalten, wenn Ihnen das lieber ist.

GEDANKENSAMMLUNG

GEDANKENSAMMLUNG

3. Legen Sie alles, was Sie gesammelt haben, in Ihren Eingangskorb.
Legen Sie alle Papiere, alle erstellten Listen und alle weiteren Dinge in Ihren Eingangskorb.

Was an einem gut funktionierenden Eingangskorb besonders wirkungsvoll ist: Sie müssen über Zeug nicht mehr nachdenken oder Entscheidungen treffen, solange Sie dazu nicht bereit sind, und Sie verpassen nichts, worüber sich später nachzudenken oder zu entscheiden lohnen würde.

WAS JETZT?

Wo landen all diese Dinge nun? Bei dem späteren Schritt namens »Eingangskorb leeren« werden Sie lernen, wie Sie am besten mit diesen und anderen Elementen in Ihrem Eingangskorb umgehen.

Last und Erleichterung!

Es ist normal, wenn Sie nach einer Gedankensammlung sowohl *Last* als auch *Erleichterung* spüren.

Das Gefühl von Belastung kann sich einstellen, wenn Punkte auftauchen, die zu lange irgendwo im Kopf versteckt waren. Dazu könnten Dinge gehören, die Sie sich selbst oder anderen versprochen haben. Jetzt sind diese Punkte in Ihrem System festgehalten, und Sie können endlich entscheiden, was Sie damit machen.

Erleichterung stellt sich ein, wenn Sie alle Elemente aus dem Kopf bekommen und in Ihr System übertragen. Was auch geschehen kann: Sich der aktuellen Verpflichtungen – positiver wie negativer – bewusst zu werden, ist immer ein produktiver Ausgangspunkt.

Künftige Gedankensammlungen

Für künftige Gedankensammlungen nutzen Sie die folgenden – privaten und beruflichen – Impulslisten, die Ihnen zeigen sollen, was Sie noch alles sammeln können.

Impulsliste: UNABGESCHLOSSENE VORGÄNGE – PRIVAT
Was beansprucht Ihre Aufmerksamkeit?

PRIVAT

PROJEKTE begonnen, nicht abgeschlossen
PROJEKTE in Gang zu bringen
PROJEKTE mit anderen
»REINSCHNUPPERN« Projekte
VERPFLICHTUNGEN/VERSPRECHEN GEGENÜBER ANDEREN
MITTEILUNGEN MACHEN/ERHALTEN
ANSTEHENDE EREIGNISSE
VERWALTUNG
FREIZEIT
FINANZEN
HAUSTIERE
JURISTISCHES
WARTEN AUF
FAMILIE
WOHNUNG/HAUSHALT
GESUNDHEIT
PERSÖNLICHE ENTWICKLUNG
TRANSPORT
KLEIDUNG
BESORGUNGEN
NACHBARSCHAFT

Künftige Gedankensammlungen

Impulsliste: UNABGESCHLOSSENE VORGÄNGE – BERUFLICH
Was beansprucht Ihre Aufmerksamkeit?

BERUFLICH

PROJEKTE begonnen, nicht abgeschlossen
PROJEKTE in Gang zu bringen
»REINSCHNUPPERN« Projekte
VERPFLICHTUNGEN/VERSPRECHEN GEGENÜBER ANDEREN
MITTEILUNGEN MACHEN/ERHALTEN
FERTIGSCHREIBEN/VORLEGEN
LESEN/DURCHSEHEN
FINANZEN
PLANUNG/ORGANISATION
ENTWICKLUNG DER ORGANISATION
MARKETING/PROMOTION
VERWALTUNG
MITARBEITER/PARTNER
SYSTEME
VERKÄUFE
MEETINGS
WARTEN AUF
BERUFLICHE ENTWICKLUNG
GARDEROBE

Häufig gestellte Fragen

Führen Sie eine Gedankensammlung durch

Wie lange dauert eine Gedankensammlung üblicherweise?
Es kann 20 Minuten bis zu einer Stunde - oder länger - dauern, bis der Kopf ausgeräumt und jeder Gedanke niedergeschrieben ist. Die ersten paar Male nehmen mehr Zeit in Anspruch - Sie haben wahrscheinlich eine Menge »abzuladen«. Wenn Sie die Gedankensammlung erst einmal regelmäßig durchführen, dürften Sie feststellen, dass Sie weniger Zeit brauchen. Andererseits könnten Sie den Eindruck haben, dass es für Sie ein nützlicher, kreativer Prozess ist, für den sich jede zusätzliche Zeit lohnt.

Welcher Ort und welche Tageszeit eignen sich am besten dafür?
Eine Gedankensammlung können Sie durchführen, wann und wo Sie gerade Zeit haben und ein Sammelwerkzeug in der Nähe ist. Erfahrene GTDler führen eine kurze Gedankensammlung durch, wann immer sie ein paar Minuten übrighaben - im Wartezimmer des Zahnarztes, im Flugzeug usw.

Sind Sie Naturliebhaber? Eine Gedankensammlung lässt sich auch im Freien super durchführen! Tatsächlich führt ein Ortswechsel häufig zu freieren Gedanken und neuen Ideen.

Wenn ich auf etwas stoße, das ich sofort erledigen könnte - kann ich das gleich machen?
Na klar. Der Vorteil dieses Vorgehens ist jedoch, dass es Ihnen den Luxus ermöglicht, erstmal den Kopf vollständig zu entrümpeln, ohne dabei ins »Erledigen« abzuschweifen. Am besten ist es, diesen Schritt getrennt vorzunehmen. Sobald Ihre Gedankensammlung abgeschlossen ist, machen Sie, was Ihnen richtig erscheint. Das ist zweifellos das bessere Vorgehen.

Regelmäßig durchgeführte Gedankensammlungen führen dazu, dass Ihr Kopf aufgeräumt ist und Sie sich besser fühlen. Vergessen Sie nicht: Ihr Kopf ist dazu da, Ideen zu *haben*, nicht, um sie dort zu *halten*. Schaffen Sie sich diese Ideen aus dem Kopf und halten Sie sie auf Papier fest – Sie werden sich psychisch ausgeglichener und weniger gestresst fühlen.

Sie steigern Ihre Produktivität und Kreativität, wenn Sie sich angewöhnen, potenziell bedeutsame Dinge in dem Moment festzuhalten, in dem sie sich zeigen.

GRATULATION!
Sie haben Schritt 3 erfolgreich abgeschlossen!

Gehen Sie zur letzten Seite des Workbooks und bringen Sie Ihre Fortschrittsdokumentation mit dem heutigen Datum auf den neuesten Stand!

Phase 1 **SAMMELN**

FÜNF PHASEN

Ihre Checkliste für die Schritte der Phase »Sammeln«

Schritt 1: Sammeln Sie allen eingehenden Papierkram in einem Eingangskorb

- ☐ Ich habe einen Eingangskorb an meinem Arbeitsplatz.
- ☐ Ich habe einen Eingangskorb, den ich zu Hause und privat nutze.
- ☐ Mindestens einmal täglich sammle ich alle Listen, Notizen und zu beantwortenden Sprachnachrichten und lege Sie in meinen Eingangskorb.
- ☐ Wenn etwas zu groß für meinen Eingangskorb ist, schreibe ich eine Notiz zur Erinnerung daran.

Schritt 2: Wählen Sie Ihr Sammelwerkzeug

- ☐ Ich habe immer ein Sammelwerkzeug wie etwa ein Smartphone oder Stift und Papier zur Hand.
- ☐ Ich sammle jeden nächsten Schritt oder jede Idee beim ersten Gedanken daran, speziell in Meetings und Gesprächen.

Schritt 3: Führen Sie eine Gedankensammlung durch

- ☐ Ich habe meine erste Gedankensammlung durchgeführt und alles aufgeschrieben, was mir durch den Kopf ging – beruflich und privat.
- ☐ Ich habe jede Idee auf ein eigenes Blatt, eine Liste oder in den dafür vorgesehenen Abschnitt dieses Workbooks geschrieben und alles in meinen Eingangskorb gelegt, wo es später verarbeitet wird.
- ☐ Ich habe ein regelmäßiges Zeitfenster für die Gedankensammlung eingeplant.

»Einer Verpflichtung, die Sie nur im Kopf behalten, wird entweder zu viel oder zu wenig Beachtung geschenkt.«

DAVID ALLEN

SCHRITT 4

Leeren Sie Ihren Eingangskorb

Warum Sie diesen Schritt brauchen!

All Ihre Papiere und alle anderen Dinge liegen nun in Ihren Eingangskörben. Jetzt ist es an der Zeit, sie aus dem »Eingang« zu befördern. Bestimmen Sie, was mit jedem Punkt zu tun ist, damit ...

- Sie Ihre Arbeit mit weniger Stress und mehr Produktivität besser im Griff haben.
- Sie wissen, dass nichts Wichtiges verloren geht.
- Ihr Stresslevel sinkt.
- Sie das **Gefühl haben**, bei der Arbeit und im Leben alles besser unter Kontrolle zu haben (und das wird **tatsächlich** der Fall sein).

Dieser Schritt ist von *entscheidender Bedeutung*; er erfordert den speziellen GTD-Entscheidungsprozess, durch den wir Sie nun leiten werden.

Den Eingangskorb zu leeren *heißt nicht*, dass Ihre Arbeit erledigt ist. Es heißt lediglich, dass Sie Entscheidungen treffen, was mit all den Dingen im Eingangskorb geschehen soll, und alles dorthin bringen, wo es hingehört. Dieser Schritt erfordert, dass Sie auch andere Teile Ihres GTD-Systems vorbereitet haben – diese werden wir in der nächsten Phase **Organisieren** einrichten. Dabei werden Sie die Kategorien Warten auf, Nächste Schritte, Irgendwann/Vielleicht und Referenzmaterial kennenlernen. Warten Sie ab – wir werden darauf zu sprechen kommen.

Warum Ihr Eingangskorb voll ist

Wenn Sie die Schritte einen nach dem anderen durchgeführt haben, befindet sich in Ihrem Eingangskorb wahrscheinlich ein riesiger Stapel an Zeug, das Ihre Aufmerksamkeit erfordert. Das ist weder schlecht noch falsch, wird jedoch einer stressfreien Produktivität im Weg sein, wenn es dort allzu lange bleibt. Ein Eingangskorb kann aus den folgenden drei Gründen voll werden und bleiben:

1. Bei Ihnen kommt eine Menge rein, und Sie wissen, dass es an diesem Ort verlässlich aufbewahrt ist. Gut für Sie!
2. Sie haben kein System, in das Sie die Dinge übertragen können. Wenn Sie nicht über ein System verfügen, mit dem Sie wichtige Elemente lagern und im Auge behalten können, wird Ihr Eingangskorb zur Haltestelle – das ist sehr ineffizient. Im nächsten Schritt werden Sie ein vollständiges Ablagesystem und unterstützende Listen einrichten. (Dass hier ein Henne-Ei-Problem vorliegt, ist uns bewusst: Erlernt man nun die GTD-Phasen nacheinander oder verlässt man die vorgegebene Reihenfolge? Bleiben Sie dran; wir werden das als Nächstes abhandeln.)
3. Sie haben kein Vertrauen in Ihr System. Wenn Sie Ihre Listen und Ordner angelegt haben, diese aber nicht nutzen, misstrauen Sie Ihrem System vielleicht. Wenn Sie sie bewusst und regelmäßig nutzen, werden Sie Vertrauen in Ihr System entwickeln, und der Fluss Ihres anfallenden Zeugs wird keinen Engpass mehr durchlaufen müssen.

»Ein ›verlässliches System‹ bedeutet nicht nur, dass Sie den Inhalten Ihres ›ausgelagerten Gehirns‹ vertrauen, sondern auch, dass Sie sich zur richtigen Zeit mit den richtigen Dingen befassen.«

DAVID ALLEN

Die Zwei-Minuten-Regel

Inzwischen liegt es klar auf der Hand, dass Sie alle Elemente Ihres »Eingangs« durchsehen und verarbeiten müssen. An dieser Stelle sollten Sie die »Zwei-Minuten-Regel« kennenlernen – ein Tipp, um Dinge schnell voranzubringen, den Aufgabenstau zu reduzieren und Ihre Produktivität zu steigern.

Was ist die Zwei-Minuten-Regel?
Wenn ein nächster Schritt in zwei Minuten oder weniger zu erledigen ist, sollten Sie ihn sofort durchführen. Das war's schon!

Warum zwei Minuten?
Zwei Minuten sind in etwa der Zeitraum, nach dem es länger dauert, den nächsten Schritt aufzuschreiben und weiter im Auge zu behalten, als ihn in dem Moment auszuführen, in dem Sie sich erstmals damit befassen oder ihn im E-Mail-Postfach sehen. Es ist die Abkürzung auf dem Weg zur Effizienz. Sie kann unabhängig von den anderen Schritten genutzt werden, und Ihre Vorzüge zeigen sich unmittelbar.

Antwort auf eine E-Mail
Oft sind nur eine oder zwei Minuten erforderlich, um eine E-Mail zu beantworten. Wenn Sie feststellen, dass Sie doch mehr Zeit mit E-Mails verbringen als geplant, können Sie die Verarbeitung der E-Mail-Eingänge einfach verschieben (und sich vielleicht zwischendurch einen »Notfall-Überblick« verschaffen, damit Sie sich wegen des Aufschubs entspannen können; diesen Aspekt erörtern wir in Schritt 10).

Antwort auf Sprachnachrichten
Zur Beantwortung einer Sprachnachricht brauchen Sie oft weniger als zwei Minuten. Wenn der Angerufene abhebt, kann das Gespräch um einiges länger als zwei Minuten dauern. Manche antworten auf eine Sprachnachricht mit einer E-Mail – um sicherzustellen, dass sie schnell bearbeitet wird. Oder Sie versenden direkt über Ihr Smartphone Sprachnachrichten.

Die Zwei-Minuten-Regel

Müssen es genau zwei Minuten sein?
Das ist ein Richtwert – der Punkt, an dem es sinnvoll ist, die Sache jetzt zu erledigen und nicht zurückzustellen. Wie bei den anderen GTD-Schritten entscheiden Sie, sobald Sie das beste Vorgehen gefunden haben, wie Sie es für sich persönlich handhaben wollen.

Was, wenn bei mir hundert Zwei-Minuten-Aktionen anstehen?
Wenn Sie GTD eingeführt haben, ist es unwahrscheinlich, dass Sie einen Rückstau von Zwei-Minuten-Aktionen bekommen. Sie brauchen sich nur um diejenigen zu kümmern, die neu in Ihren E-Mails und Ihrem Eingangskorb anfallen. Um den Rückstau hinter sich zu lassen, sollten Sie die Elemente sammeln, sie in einen Ordner packen, einen nächsten Schritt zur Verarbeitung aufschreiben oder Zeitfenster festlegen, in denen Sie alles aufarbeiten.

Was mache ich, wenn ich eine Zwei-Minuten-Aktion beendet habe?
Nichts! Sie brauchen nichts im Auge zu behalten, sondern nur den entsprechenden Schritt zu erledigen.

Wenn Ihre Zwei-Minuten-Aktion eine weitere Aktion nach sich zieht – etwa das Austauschen einer Druckerpatrone, wobei Sie feststellen, dass gar keine Tonerkartuschen mehr vorrätig sind –, werden Sie die erforderlichen Schritte vornehmen, sie delegieren oder den neu entstandenen Schritt entsprechend zurückstellen.

»Verarbeiten – den ›Eingang‹ leeren – bedeutet nicht, dass Sie all diese Dinge erledigen.
Es bedeutet nur, dass Sie jedes Element ansehen und entscheiden, was es ist und wohin es gehört.«

DAVID ALLEN

SCHRITT 4

Step-by-Step

Um Ihren Eingangskorb zu leeren, befolgen Sie diese Anleitung (analoge Version):

1. Nehmen Sie sich das oberste Element in Ihrem Eingangskorb vor und fragen Sie: »Was ist das?«
2. Fragen Sie: »Erfordert es eine Aktion?«
3. Lautet die Antwort »NEIN, es ist NICHTS zu unternehmen«, folgt die Frage: »Was mache ich damit?«
   - *In den Müll damit*
   - *Als Referenzmaterial aufbewahren*
   - *Auf Wiedervorlage legen (zur späteren Betrachtung)*
4. Lautet die Antwort auf die Frage nach dem Handlungsbedarf »JA, es ERFORDERT eine Aktion«, folgt die Frage: »Was ist der nächste Schritt?«
   - *Sofort erledigen, wenn es weniger als zwei Minuten dauert*
   - *Delegieren Sie es (das kommt in den Ordner »Warten auf«)*
   - *Zurückstellen und später selbst erledigen (das kommt in Ihre Nächste-Schritte-Liste; wenn die Handlung an einem bestimmten Tag erfolgen soll, tragen Sie sie in Ihren Terminkalender ein)*
5. Wenn zur Erledigung mehr als dieser erste Handlungsschritt erforderlich ist, wie lautet dann das Projekt?

Wow! Das alles gehört zur Phase **Verarbeiten**. Sie werden gemerkt haben, dass es präzise Anweisungen sind. Diese Präzision stellt sicher, dass Ihnen nie wieder etwas durchs Raster fällt.

Dieser Schritt ist entscheidend, um Ihren Workflow zu entwickeln. Manche empfinden es als Herausforderung, weil jedes einzelne Ding eine Entscheidung erfordert. Mit der praktischen Anwendung im Alltag wird dieser Ablauf in Fleisch und Blut übergehen, und Sie werden sehen, wie schnell Sie im Umgang mit neuem Input werden.

Sehen Sie David dabei zu, wie er den Verarbeitungsprozess erklärt.

SCHRITT 4

Step-by-Step

Um Ihren Eingangskorb zu leeren, müssen Sie ein paar Entscheidungen treffen. Schauen Sie sich die folgende grafische Anleitung an:

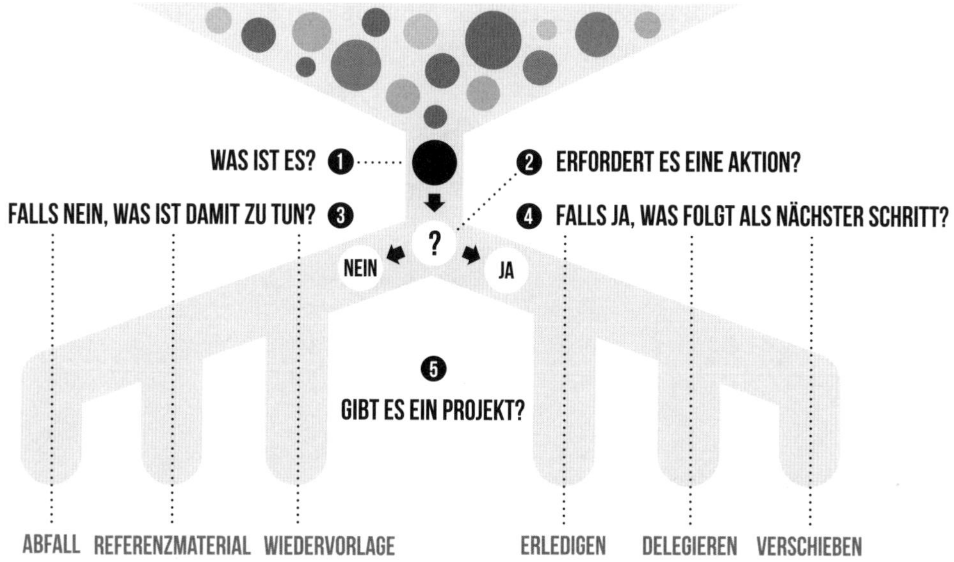

»Leeren Sie Ihren Eingangskorb«-Simulation

Nehmen Sie sich übungshalber ein paar Minuten, um die vier Dinge aus unserem Beispiel-Eingangskorb durchzugehen und zu entscheiden, was mit jedem einzelnen zu tun ist.

PUNKT 1 VON 4: EIN THEATERTICKET IN IHREM EINGANGSKORB

Nehmen Sie sich das Element und ...

1. *Fragen Sie sich: »Was ist das?«*

***Antwort:* Es ist ein Theaterticket!** Es handelt sich um das Ticket des großartigen Stücks, das Sie letztes Wochenende gesehen haben. Das *brauchen* Sie nicht wirklich ... aber es ist eine hübsche Erinnerung.

2. *Erfordert es eine Aktion? (Eine Möglichkeit ankreuzen)*

☐ Ja
☐ Nein

***Antwort*:** Nein. Das Theaterticket scheint keine Aktion zu erfordern.

3. *Was machen Sie damit? (Eine Möglichkeit ankreuzen)*

☐ in den Müll damit
☐ als Referenzmaterial aufbewahren
☐ als Wiedervorlage oder in Irgendwann/Vielleicht ablegen

Ihre Antwort
In den Müll damit. Ihre ursprüngliche Reaktion darauf legt nahe, dass Sie es gern als Erinnerung behalten hätten. Was könnten Sie sonst noch damit machen? Wählen Sie eine andere Option.

Als Referenzmaterial aufbewahren. Sieht so aus, als sei das die richtige Wahl. Es handelt sich zwar nicht um Referenzmaterial im strengen Sinn, doch diese weit gefasste Kategorie ist auch für Dinge wie Souvenirs da. Erstellen Sie einen Ordner »Souvenirs« und legen Sie das Ticket darin ab.

Irgendwann/Vielleicht oder auf Wiedervorlage legen. Ihre ursprüngliche Reaktion darauf legt nahe, dass Sie keinen Handlungsbedarf sahen, darum brauchen Sie es nicht für später aufzubewahren.

PUNKT 2 VON 4: EINE EINLADUNG IN IHREM EINGANGSKORB

Nehmen Sie sich das Element und …

1. Fragen Sie sich: »Was ist das?«
***Antwort:* Es ist eine Hochzeitseinladung.** Aziz und Tina werden heiraten! Das große Ereignis wird später im Jahr und am anderen Ende des Landes stattfinden. Sie wollen die Einladung annehmen.

2. Erfordert es eine Aktion? (Eine Möglichkeit ankreuzen)
☐ Ja
☐ Nein

Antwort: Ja, hier besteht in der Tat Handlungsbedarf – selbst dann, wenn Sie nicht teilnehmen wollen.

(3. entfällt, wenn Handlungsbedarf besteht.)

4. Was ist der nächste Schritt? (Eine Möglichkeit ankreuzen und dann für jede Antwort den untenstehenden Kommentar lesen)

- ☐ Reisepläne mit der Familie besprechen
- ☐ Zusage mailen
- ☐ einen Projektordner erstellen und ihn »Hochzeit von Aziz und Tina besuchen« nennen

Ihre Antwort

Reisepläne mit der Familie besprechen. Denken Sie dran: Ein nächster Schritt schließt etwas ab oder bringt es voran. Auch wenn es sein kann, dass Sie die Reise mit Ihrer Familie später besprechen müssen – gibt es einen besseren nächsten Schritt? (Hinweis: Erfordert es mehrere Schritte?) Probieren Sie es noch einmal.

Zusage mailen. Bedenken Sie die anderen Optionen. Denken Sie dran: Ein nächster Schritt schließt etwas ab oder bringt es voran. Gibt es einen besseren nächsten Schritt? (Hinweis: Erfordert es mehrere Schritte?) Probieren Sie es noch einmal.

Einen Projektordner erstellen und ihn »Hochzeit von Aziz und Tina besuchen« nennen. Genau. So machen Sie das! Es sind mehrere Schritte zu erledigen. In diesem Ordner können Sie die Einladung, Ihre Pläne, die Hochzeitsliste, Quittungen, Reisewege und so weiter ablegen, damit alles an einem Ort beisammen ist. (Es gibt da noch ein paar weitere Schritte – siehe nächster Teil.)

Ihr nächster Schritt ist also das Einrichten eines Projektordners.

4. (Fortsetzung) Sofort erledigen? Brauche ich dazu weniger als zwei Minuten? (Eine Möglichkeit ankreuzen)

- ☐ Ja
- ☐ Nein

Ihre Antwort

Ja. Falls Sie Ihr Etikettiergerät für Ordner griffbereit haben, können Sie den Projektordner in weniger als zwei Minuten einrichten.

Nein. Sie haben recht! Sie müssen einen Ordner einrichten und etikettieren. Doch zur Verarbeitung der Einladung ist noch mehr zu erledigen. Sehen wir uns an, worum es sich handelt.

4. (Fortsetzung) Delegieren oder verschieben?
Sie haben einen Projektordner für die Hochzeit von Aziz und Tina eingerichtet. Bevor Sie die Einladung in den Ordner legen, sollten Sie die Deadline für die Zusage prüfen. Wie gehen Sie mit diesem Datum um? *(Eine Möglichkeit ankreuzen)*

☐ Delegieren
☐ Verschieben – in Ihre Nächste-Schritte-Liste aufnehmen
☐ Verschieben – im Terminkalender eintragen

Ihre Antwort
Delegieren. Sie könnten einen Assistenten anweisen, den Termin für die Bestätigung zu notieren. Könnte es nicht effizienter sein, das selbst zu tun? Wählen Sie eine andere Option.

Verschieben – in Ihre Nächste-Schritte-Liste aufnehmen. Sie könnten den Punkt als Erinnerungshilfe auf die Nächste-Schritte-Liste setzen. Könnte es vielleicht eine bessere Möglichkeit geben, damit umzugehen? Erwägen Sie eine andere Option.

Verschieben – im Terminkalender eintragen. Genau das. Bevor Sie die Antwortkarte in Ihrem Ordner »Hochzeit von Aziz und Tina besuchen« verstauen, tragen Sie die Deadline für die Zusage in Ihren Terminkalender ein. (Wahrscheinlich wollen Sie den Vorgang auch in Ihre Projektliste aufnehmen und einen nächsten Schritt festhalten, etwa »Ideen zur Teilnahme an der Hochzeit skizzieren«.)

PUNKT 3 VON 4: EINE NOTIZ ZUR ERINNERUNG IN IHREM EINGANGSKORB

Nehmen Sie das Element und …

1. Fragen Sie sich: »Was ist das?«
***Antwort*: Eine Erinnerungsnotiz.** Diese Notiz haben Sie geschrieben, um sich daran zu erinnern, den Anruf Ihres Optikers zu beantworten und den Termin am Mittwoch zu bestätigen. (Es wäre effektiver gewesen, diesen Punkt direkt in den Terminkalender einzutragen. Doch gelegentlich haben wir nur die Zeit für eine rasche Notiz.)

2. Erfordert es eine Aktion? (Eine Möglichkeit ankreuzen)

- ☐ Ja
- ☐ Nein

Ihre Antwort

Ja. Den Termin zu bestätigen ist der auszuführende Schritt.

Nein. Bei diesem Punkt ist etwas zu unternehmen. Schließlich war er als Erinnerung für Sie gedacht, etwas zu tun.

(3. entfällt, wenn Handlungsbedarf besteht.)

4. Was ist der nächste Schritt? (Eine Möglichkeit ankreuzen)

- ☐ mit dem Optiker Kontakt aufnehmen
- ☐ beim Optiker anrufen
- ☐ Optiker

Ihre Antwort

Mit dem Optiker Kontakt aufnehmen. »Kontakt aufnehmen« ist unklar. (Siehe die Liste der Verben für nächste Schritte.) Versuchen Sie es mit einer anderen Option.

Beim Optiker anrufen. Das ist es! Die Wortwahl für den nächsten Schritt trifft es genau – sie definiert eine spezifische, konkrete Aktion und enthält ein passendes Aktionsverb.

Optiker. Diese Formulierung haben wir mit aufgenommen, weil oft eine so kurze, vage Notiz als Erinnerung dienen soll. Das ist nicht das beste Vorgehen. Stattdessen sollten Sie Ihren nächsten Schritt als physisch sichtbare, konkrete Handlungsanweisung formulieren, die ein passendes Aktionsverb beinhaltet.

4. (Fortsetzung) Sofort erledigen? Brauche ich dazu weniger als zwei Minuten? (Eine Möglichkeit ankreuzen)

- ☐ Ja
- ☐ Nein

Ihre Antwort

Ja. Ein Anruf zur Terminbestätigung dauert wahrscheinlich nur eine Minute. Das können Sie also *jetzt erledigen*, anstatt es aufzuschieben.

Nein. Eigentlich dauert ein Anruf zur Terminbestätigung wahrscheinlich nicht mehr als eine Minute. Das können Sie also *jetzt erledigen*, anstatt es aufzuschieben.

PUNKT 4 VON 4: IHR ENTWURF EINES PROJEKTBERICHTS IN IHREM EINGANGSKORB

Nehmen Sie das Element und ...

1. Fragen Sie sich: »Was ist das?«
***Antwort*: Ihr Entwurf des Projektberichts mit Kommentaren.** Es handelt sich um einen Ausdruck Ihres Berichts mit Kommentaren Ihres Kollegen. Sie wissen, dass Sie die Notizen zu bearbeiten und den Bericht durchzusehen haben, ehe Sie ihn an den Gruppenleiter weiterreichen.

2. Erfordert es eine Aktion? (Eine Möglichkeit ankreuzen)

- ☐ Ja
- ☐ Nein

Ihre Antwort
Ja. Ja, da ist etwas zu erledigen.

Nein. Eigentlich besteht hier Handlungsbedarf. Die Notizen sollen in den Bericht eingearbeitet werden.

(3. entfällt, wenn Handlungsbedarf besteht.)

4. Was ist der nächste Schritt? (Eine Möglichkeit ankreuzen)

- ☐ den Projektbericht überarbeiten
- ☐ jetzt die Zeit nehmen, den Bericht und die Kommentare zu lesen
- ☐ den Bericht in den Eingangskorb zurücklegen

Ihre Antwort
Den Projektbericht überarbeiten. Richtig! Die Wortwahl für diesen nächsten Schritt ist präzise und nutzt ein spezifisches Aktionsverb.

Jetzt die Zeit nehmen, den Bericht und die Kommentare zu lesen. Wenn wir in unserem Eingangskorb auf etwas Interessantes stoßen, sind wir versucht, unsere aktuelle Tätigkeit (die Verarbeitung unseres Eingangskorbs, um ihn zu leeren) fallenzulassen, um sich der anderen Sache zu widmen. Das ist selbstverständlich immer Ihre Entscheidung. Doch wenn Sie sich weiter auf die gerade aktuelle Aufgabe konzentrieren - insbesondere, ihren »Eingang« zu leeren -, trägt das dazu bei, mit weniger Stress produktiv zu sein. Das ist das beste Vorgehen.

Den Bericht in den Eingangskorb zurücklegen. Natürlich nicht - auch wenn wir manchmal sehr in Versuchung geraten! Wenn Sie spüren, dass Ihr Energielevel niedrig liegt, sollten Sie, statt den nächsten Punkt in Ihrem Eingangskorb in Angriff zu nehmen, lieber eine Pause einlegen oder etwas tun, was Sie in Schwung bringt.

4. (Fortsetzung) Sofort erledigen? Brauche ich dazu weniger als zwei Minuten? (Eine Möglichkeit ankreuzen)

- ☐ Ja
- ☐ Nein

Ihre Antwort

Ja. Wählen Sie die andere Antwort. Sie brauchen sicher mehr als zwei Minuten, um den Bericht zu überarbeiten.

Nein. Korrekt. Die Überarbeitung des Berichts dauert länger als zwei Minuten.

4. (Fortsetzung) Delegieren oder verschieben? (Eine Möglichkeit ankreuzen)

- ☐ Delegieren
- ☐ Verschieben - in Ihre Nächste-Schritte-Liste aufnehmen
- ☐ Verschieben - im Terminkalender eintragen

Ihre Antwort

Delegieren. Wenn Sie jemanden beauftragen können, ist das in Ordnung. In diesem Beispiel deutet aber nichts darauf hin, dass dies eine Option ist. Gehen Sie davon aus, dass Sie die Überarbeitung selbst zu erledigen haben. Wählen Sie eine andere Möglichkeit.

Verschieben - in Ihre Nächste-Schritte-Liste aufnehmen. Ja, Sie tragen es in Ihre Nächste-Schritte-Liste ein. Wenn ein bestimmtes Datum damit verbunden ist, könnten Sie es auch in Ihrem Terminkalender eintragen. Falls Sie für diesen Bericht einen Projektordner besitzen, legen Sie den Bericht dort ab. Falls nicht, legen Sie einen an.

Verschieben – im Terminkalender eintragen. Ja, Sie können es in Ihrem Terminkalender eintragen, wenn ein bestimmtes Datum damit verbunden ist oder Sie Zeit einplanen wollen, um den Vorgang zu bearbeiten. Wenn nicht, könnten Sie ihn in Ihre Nächste-Schritte-Liste eintragen.

EINBLICKE

Denken Sie daran: Wenn Sie etwas aus Ihrem Eingangskorb nehmen oder eine E-Mail öffnen, sollten Sie das nie in den Eingang zurücklegen. Es ist eine schlechte Angewohnheit, etwas aus dem Eingang zu nehmen und dann keine Entscheidung zu treffen, worum es sich handelt oder was Sie damit machen werden, sondern es in den Eingangskorb zurückzulegen.

Die Entscheidung, zu irgendetwas in Ihrem Eingangskorb »keine Entscheidung« zu treffen, entzieht Ihnen psychologischen Treibstoff und führt dazu, dass Sie weniger effizient arbeiten. Ihren Eingangskorb zu leeren ist wie jede neue Gewohnheit eine Fähigkeit, deren Aneignung Zeit und Mühe kostet, bis Sie in Fleisch und Blut übergegangen ist. Es mag Ihnen unbequem erscheinen – so wie viele andere neue Praktiken sich zunächst unangenehm angefühlt haben. Erinnern Sie sich daran, wie Sie das Autofahren gelernt haben? Erinnern Sie sich an Ihr erstes Semester an der Uni? Erinnern Sie sich an die Zeit, als Sie zum ersten Mal als Führungskraft aktiv waren? Sie allein sind derjenige, der entscheidet, wann Ihr Eingangskorb geleert wird. Sie müssen nicht alles auf einmal erledigen. Vielleicht wollen Sie ihn mehrmals täglich nach und nach leeren.

Oft ist es erforderlich, dass Sie den Inhalt Ihres Eingangskorbs jeden Morgen und gelegentlich während des Tages einer »Dringlichkeitsprüfung« unterziehen, um zu erkennen, ob irgendetwas anzubrennen droht. Doch das funktioniert nur, wenn Sie sich wieder Ihrem Eingangskorb zuwenden und all Ihre E-Mails regelmäßig verarbeiten.

JETZT SIND SIE AN DER REIHE

Wenden Sie sich Ihrem Eingangskorb zu und nehmen Sie sich ein paar Minuten, um die Phase **Verarbeiten** durchzuführen, die Sie gerade gelernt haben.

HIER ANHALTEN

Ehe Sie zum nächsten Schritt gehen, sollten Sie zunächst sicherstellen, dass Sie mit dem **Verarbeiten** vertraut sind und sich damit wohlfühlen.

Sollten Sie Bedenken oder Fragen haben, empfehlen wir ...

Scannen Sie den QR-Code und erfahren Sie von David Allen mehr über diese Phase.

+

Auch in Kapitel 6 des GTD-Buches »Wie ich die Dinge geregelt kriege« erfahren Sie mehr dazu.

Häufig gestellte Fragen

Leeren Sie Ihren Eingangskorb

Dieser Prozess beansprucht zu viel Zeit. Im Moment habe ich nicht genug Zeit.
Vor allem am Anfang dauert es einige Zeit. Aber was wäre die Alternative? Wenn etwas in Ihrem Eingangskorb landet, müssen Sie es da rausbekommen – wobei gilt: je früher, desto besser. Sie können die eingehende Masse an Input mit folgenden Tipps reduzieren: Wenn Ihr E-Mail-Postfach überquillt, lassen Sie sich aus Mailing-Listen streichen. Was die Dinge angeht, die Sie selbst in den Eingangskorb legen, versuchen Sie, mehr davon direkt dort zu platzieren, wo sie hingehören. Das machen Sie doch auch, wenn Sie Ihre Einkäufe verstauen – die lassen Sie nicht in einem Zwischenlager, sondern schaffen sie gleich an den richtigen Ort – Speisekammer, Kühlschrank und so weiter. Wenn Sie feststellen, dass in Ihrem Eingangskorb viele an Sie selbst gerichtete Erinnerungen landen, können Sie diese direkt in Ihrer Nächste-Schritte-Liste, der Projektliste oder im Terminkalender erfassen.

Bedenken Sie, dass die Verarbeitung dieser Eingänge tatsächlich Teil Ihrer Arbeit ist. Vielleicht hilft es Ihnen, diese Tätigkeit neu einzuordnen: Sie ist ein Bestandteil Ihrer Arbeit, und keine Fleißarbeit, die Sie daran hindert, Ihre »eigentlichen« Aufgaben zu erfüllen.

Was ist, wenn eine Sache weitreichende Entscheidungen erfordert?
Wenn Sie mehr Informationen oder Zeit brauchen, um darüber nachzudenken, wandeln Sie es in ein Projekt mit einem nächsten Schritt um. Dann können Sie alles Erforderliche vorbereiten – sogar dann, wenn Sie innere Stärke brauchen, um eine harte Entscheidung zu fällen. Wichtig ist, sich an den speziellen Zweck dieses Schrittes zu erinnern: alle Elemente aus Ihrem Eingangskorb an den Ort bringen, an den sie gehören.

Was passiert, wenn ich ein Element verarbeite und keinen Ordner dafür habe? Sie können so viele physische Ordner von A–Z anlegen, wie Sie brauchen, und entscheiden, wie Sie digitale Information nach Themen speichern wollen. Beschriften Sie einfach einen neuen physischen Ordner oder erstellen am Computer einen passenden digitalen Ordner. Wenn Ihre Schubladen zu mehr als drei Vierteln voll sind, beginnen Sie mit einem weiteren Fach oder bereinigen die vorhandenen. Bei der Phase **Organisieren** werden wir das eingehender behandeln.

Auch wenn wir das schon angesprochen haben – es kann nicht oft genug betont werden: Den »Eingang« zu leeren heißt nicht, alles zu erledigen, was in jeder Notiz oder jeder Erinnerung vermerkt ist. Es bedeutet nur, jedes Element zu identifizieren und zu entscheiden, wohin es gehört.

GRATULATION!
Sie haben Schritt 4 erfolgreich abgeschlossen!

Gehen Sie zur letzten Seite des Workbooks und bringen Sie Ihre Fortschrittsdokumentation mit dem heutigen Datum auf den neuesten Stand!

SCHRITT 5

Leeren Sie Ihr E-Mail-Postfach

Warum Sie diesen Schritt brauchen!

Wenn Sie Hunderte von E-Mails im Postfach haben, betrachten Sie »DIES und DAS« und entscheiden Sie, ob das so bleiben soll:

DIES – NEIN, ES LOHNT SICH NICHT, WEIL …
Dieser Schritt klingt zu schwierig und zu kompliziert.
Er nimmt jeden Tag zu viel Zeit in Anspruch.
Ich bin zu beschäftigt, um mir das anzueignen.
Ich habe Wichtigeres zu tun, als mir um E-Mails Gedanken zu machen.
Ich bin mit meinem bisherigen Umgang immer gut gefahren.
Das Problem E-Mail ist unlösbar, egal, was ich tue.
Vielleicht probiere ich diesen Schritt mal und schaue, ob ich ihn mag.

DAS – JA, ES LOHNT SICH, WEIL …
Ich möchte etwas voranbringen und mit weniger Stress produktiver sein.
Wenn ich etwas in meinem E-Mail-Eingang habe, lenkt mich das ab und nervt mich jedes Mal, wenn ich es sehe – egal, wie oft ich mir sage »Das macht mir nichts aus«.
Ich möchte meine Arbeit und mein Leben mit mehr Selbstvertrauen angehen.
Ich möchte meine Arbeit und mein Leben im Griff haben.
Das hier ist der Teil der E-Mail-Nutzung, der dem Wäschewaschen oder dem Zähneputzen entspricht – mit ähnlichen Folgen, wenn man es nicht macht.

Wenn Sie beschließen, mit diesem Schritt weiterzumachen, was wir Ihnen dringend empfehlen, werden Sie erkennen, dass Sie jede E-Mail betrachten müssen. Sie werden lernen, es zügig zu erledigen – auf eine Weise, die Ihnen Kraft und Zuversicht geben wird. Sie werden nichts mehr übersehen. Letztlich geht es bei diesem Schritt darum, Ihre E-Mails in den Griff zu bekommen. Das Rezept ist ganz einfach: Sie leeren Ihren E-Mail-Eingang in der Regel täglich, indem Sie jede dort eingehende Nachricht verarbeiten und dorthin bringen, wo sie hingehört – dazu gehört auch der Papierkorb.

Wenn Sie Ihr E-Mail-Postfach leeren, wird Ihre Produktivität steigen, der Stress wird abnehmen, und Ihr Gefühl, alles unter Kontrolle zu haben, wird durch die Decke gehen! Dieses Gefühl ist wundervoll. Vielleicht werden Sie sich außergewöhnlich fühlen, weil Sie genau das sein werden. Sie werden einer der wenigen sein, die das E-Mail-Monster mithilfe einer täglichen Praxis bändigen. Möglicherweise ertappen Sie sich auch dabei, dass Sie das tun, was sehr viele GTDler machen – besonders anfangs. Vielleicht rufen Sie laut in den Raum: »E-Mail-Postfach leer!«

»Je schneller meine Antworten kommen,
desto mehr denken die Leute nach,
ehe Sie mir Zeug zuschicken.«

DAVID ALLEN

SCHRITT 5

Step-by-Step

Um Ihr E-Mail-Postfach zu leeren, gehen Sie genau so vor, wie Sie es in Schritt 4 gelernt haben (analoge Version).

1. Nehmen Sie sich jede E-Mail in Ihrem Postfach vor und fragen Sie: »Was ist das?«
2. Fragen Sie: »Erfordert es eine Aktion?«
3. Lautet hier die Antwort »NEIN, es ist NICHTS zu unternehmen«, folgt die Frage: »Was mache ich damit?«
   - *Löschen*
   - *Auf Wiedervorlage legen (es wird zu einem späteren Zeitpunkt relevant)*
   - *Aufbewahren (im Ordner für Referenzmaterial ablegen)*
4. Lautet die Antwort auf die Frage nach der Aktion »JA, es ERFORDERT eine Aktion«, folgt die Frage: »Was ist der nächste Schritt?«
   - *Sofort erledigen (Sie erinnern sich an die Zwei-Minuten-Regel?)*
   - *Delegieren (sobald das getan ist, kommt es auf die Liste »Warten auf«)*
   - *Verschieben (das kommt auf die Nächste-Schritte-Liste; wenn die Handlung an einem bestimmten Tag erfolgen soll, tragen Sie sie in Ihrem Terminkalender ein)*
5. Ist mehr als ein Schritt dafür erforderlich? Wie heißt das Projekt?

Das bedeutet selbstverständlich nicht, dass Sie jede mit diesen E-Mails zusammenhängende Aufgabe zu *erledigen* haben – es heißt nur, dass Sie jede Mail durchgesehen und an die richtige Stelle befördert haben.

SCHRITT 5

Step-by-Step

Um Ihr E-Mail-Postfach zu leeren, gehen Sie genau so vor, wie Sie es im vorherigen Schritt gelernt haben:

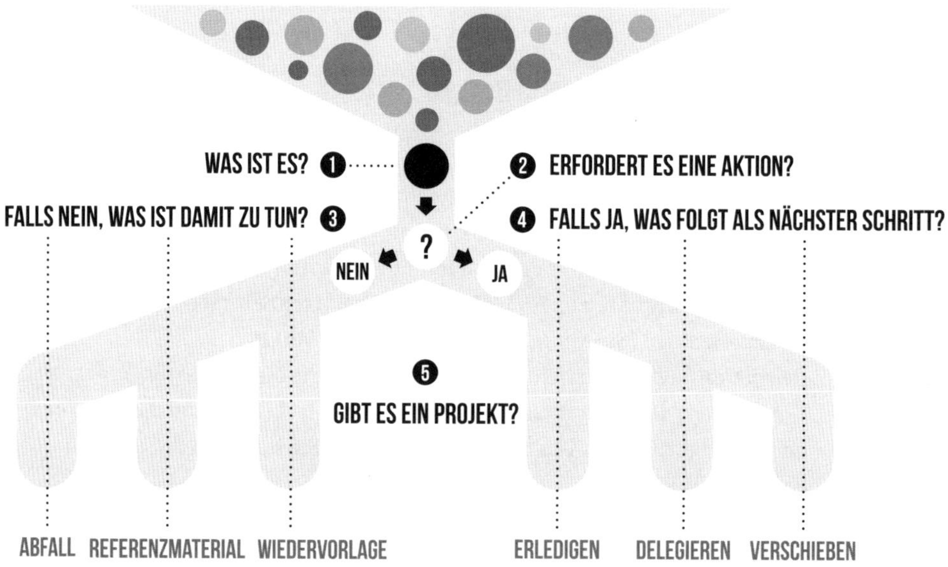

Kopieren Sie diese Grafik und hängen Sie sie an Ihrem Arbeitsplatz auf, während Sie dieses Modell verinnerlichen.

Neue Ordner erstellen

Damit Sie Ihr E-Mail-Postfach leer bekommen, ist es erforderlich, dass Sie ein paar neue E-Mail-Ordner einrichten. (Ja, eigentlich ist die Einrichtung neuer Ordner Teil der GTD-Phase »**Organisieren**«. Doch die Ordner müssen zur Hand sein, damit Sie die E-Mails im Eingang in den Griff bekommen.)

Als Erstes erstellen Sie die Ordner in Ihrem E-Mail-Programm und benennen sie wie folgt:

- **Nächste Schritte** - Dort werden E-Mails aufbewahrt, die von Ihnen einen nächsten Schritt erfordern.
- **Warten auf** - Hier legen Sie E-Mails ab, die Sie daran erinnern, auf was Sie von jemand anderem warten.
- **Irgendwann/Vielleicht** - Hier halten Sie Aktionen fest, die Sie möglicherweise in der Zukunft - aber nicht jetzt - durchführen möchten.
- **Referenzmaterial** - Hier bewahren Sie E-Mails auf, die Sie behalten wollen, um später vielleicht darauf zurückzugreifen, die jetzt aber kein Handeln erfordern. (Falls Sie schon E-Mail-Ordner für Referenzmaterial verwenden, bauen Sie diese einfach in das System ein.)

In manchen E-Mail-Programmen können Sie am Anfang des Ordnernamens ein @ setzen, was diesen Ordner an oberster Stelle der Liste anzeigt. In anderen Programmen können Sie sie an die richtige Stelle ziehen oder als Favorit markieren.

(Wenn Sie GTD schon in gewissem Umfang umgesetzt haben, dürften Sie Ihr System der E-Mail-Ordner bereits entsprechend verwalten. Spitze! Nutzen Sie diese Gelegenheit, um zu prüfen, ob diese Ordnung für Sie optimal funktioniert oder ob es noch Verbesserungsmöglichkeiten gibt.)

HIER ANHALTEN

Bevor Sie mit diesem Schritt weitermachen, richten Sie erst diese Ordner in Ihrem E-Mail-Programm ein und benennen Sie sie entsprechend!

»Leeren Sie Ihr E-Mail-Postfach«-Simulation

Nehmen Sie sich für diese Übung ein paar Minuten – arbeiten Sie sich durch unsere vier Beispiel-E-Mails und entscheiden Sie, was mit jeder Mail geschehen soll.

E-MAIL 1 VON 4 ZUM VERARBEITEN

1. *Was ist das?*

Betreffzeile lautet:

> Statusbericht für das Meeting am Freitag

E-Mail-Text lautet:

> Diesen Bericht lesen, um sicherzustellen, dass Sie vor unserem Meeting am Freitag auf dem Laufenden sind.

2. *Erfordert es eine Aktion?*

☐ Ja

☐ Nein

Ihre Antwort

Ja, hier ist etwas zu tun. Wenn es Ihre E-Mail wäre, würden Sie diese Aufgabe im Terminkalender eintragen, weil sie vor dem Meeting am Freitag erledigt werden soll.

(3. entfällt, weil Handlungsbedarf besteht.)

4. Was ist der nächste Schritt?

Ihre Antwort
Verschieben in den E-Mail-Ordner mit Ihren nächsten Schritten und im Terminkalender den richtigen Termin vormerken.

E-MAIL 2 VON 4 ZUM VERARBEITEN

1. Was ist das?
Betreffzeile lautet:
    Bagels im Pausenraum!
Text lautet:
    Wenn sie jemand will: Sie liegen auf der Theke.

2. Erfordert es eine Aktion?
- ☐ Ja
- ☐ Nein

Ihre Antwort
Letztlich könnten beide Antworten zutreffen. Falls Sie einen Bagel möchten, bevor alle weg sind, besteht Handlungsbedarf!

Wenn Sie keinen möchten, ist nichts zu tun. E-Mail löschen und weitermachen.

E-MAIL 3 VON 4 ZUM VERARBEITEN

1. Was ist das?
Betreffzeile lautet:
    Zur Information – Ich bin heute nicht da
Text lautet:
    An alle im Büro – heute gehe ich mit den Kids in den Zoo!
    Bis morgen. Wenn ich gebraucht werde, bitte melden.

2. Erfordert es eine Aktion?
- ☐ Ja
- ☐ Nein

Ihre Antwort
Nein, hier ist nichts zu tun. Es ist eine Information.

3. Was machen Sie damit? (Eine Möglichkeit ankreuzen)
- ☐ löschen
- ☐ auf Wiedervorlage legen
- ☐ als Referenzmaterial ablegen

Ihre Antwort:
Da es nur eine Info ist, können Sie die Mail löschen. Sie warten weder auf weitere Informationen, die Sie zum Weiterarbeiten brauchen, noch müssen Sie sie aufbewahren.

E-MAIL 4 VON 4 ZUM VERARBEITEN

1. Was ist das?
Betreffzeile lautet:

> **Ihre Bestellung wurde erfolgreich abgeschlossen**

Text lautet:

> **Vielen Dank für Ihre Bestellung! Sie können die Sendung unter der Nummer T315566218 verfolgen.**

2. Erfordert es eine Aktion?
- ☐ Ja
- ☐ Nein

Ihre Antwort
Nein, bei dieser E-Mail ist nichts zu unternehmen.

3. Was machen Sie damit? (Eine Möglichkeit ankreuzen)
- ☐ löschen
- ☐ auf Wiedervorlage legen
- ☐ im Ordner »Warten auf« ablegen

Ihre Antwort
Da Sie wahrscheinlich daran interessiert sind, das Bestellte zu bekommen, legen Sie die Mail in »Warten auf« ab, wo Sie nachsehen können, falls Sie nachhaken müssen.

Jetzt sind Sie dran

Öffnen Sie Ihr E-Mail-Postfach, nehmen Sie sich ein paar Minuten und testen Sie das **Verarbeiten** an Ihren eigenen E-Mails. Gehen Sie Schritt für Schritt durch den Prozess: Stellen Sie sich für jede E-Mail die Fragen, bestimmen Sie, ob eine Aktion erforderlich ist, und beschließen Sie, was Sie damit machen.

HIER ANHALTEN

Bevor Sie fortfahren, sollten Sie mindestens 15 Minuten daran arbeiten, mithilfe des eben erlernten Verarbeitungsprozesses Ihr E-Mail-Postfach zu leeren.

DAS SAGT EIN GTD-ANWENDER

»Anfangs fiel es mir schwer, mein E-Mail-Postfach leer zu bekommen. Zu Beginn schaffte ich es gewöhnlich, meine E-Mails bis ungefähr zum letzten Dutzend hin zu verarbeiten. Die restlichen wollte ich aber im Eingang aufbewahren, weil ich befürchtete, sie sonst zu vergessen. Schließlich beschloss ich, für diese Mails meinen Ordner für nächste Schritte zu nutzen. Jetzt kann ich meinen E-Mail-Eingang komplett leeren, und alle meine E-Mails mit nächsten Schritten befinden sich an einem einzigen Ort.«

Häufig gestellte Fragen

Leeren Sie Ihr E-Mail-Postfach

Sollte ich E-Mails sofort nach dem Eintreffen bearbeiten?
Das hängt von Ihrem Job ab. Viele GTDler lassen ihre E-Mail-Postfächer die meiste Zeit des Tages geschlossen. Sie prüfen den Eingang in gewissen Abständen - am Ende jeder Stunde, jede zweite Stunde oder einmal morgens und einmal nachmittags - und bearbeiten die Nachrichten während dieser Zeitspannen. So wird ihr normaler Workflow nicht durch eintreffende E-Mails unterbrochen.

Was ist, wenn das Leeren meines E-Mail-Postfachs meine planmäßige Arbeit beeinträchtigt?
Später befassen wir uns damit, wie Sie geplante Tätigkeiten mit neuen, täglich anfallenden Arbeiten am besten in Einklang bringen. Die meisten Wissensarbeiter brauchen täglich 90 Minuten, um ihre »Eingänge« zu verarbeiten - das umfasst physische wie auch elektronische Dinge.

Tipps für Fortgeschrittene

Suchfunktion vs. Unterordner für Referenzmaterial

Die Suchfunktion der E-Mail-Programme ist inzwischen so leistungsfähig, dass viele Nutzer sich für das Finden einer E-Mail auf sie verlassen, anstatt in der Kategorie Referenzmaterial viele Unterordner einzurichten. Das erspart Ihnen die Zeit, Unterordner zu erstellen, auch wenn die Kategorisierung Ihres Referenzmaterials in konkrete Themenbereiche sehr nützlich sein kann. Sie treffen die Entscheidung, was für Sie und Ihre E-Mails mit Referenzmaterial am besten funktioniert.

GRATULATION!

Sie haben Schritt 5 erfolgreich abgeschlossen!

Gehen Sie zur letzten Seite des Workbooks und bringen Sie Ihre Fortschrittsdokumentation mit dem heutigen Datum auf den neuesten Stand!

Phase 1 SAMMELN

Phase 2 VERARBEITEN

FÜNF PHASEN

Ihre Checkliste für die Schritte der Phase »Verarbeiten«

Schritt 4: Leeren Sie Ihren Eingangskorb

☐ Ich bin der Liste der fünf Schritte gefolgt, um meinen Eingangskorb zu leeren.

Schritt 5: Leeren Sie Ihr E-Mail-Postfach

☐ Ich bin der Liste der fünf Schritte gefolgt, um mein E-Mail-Postfach zu leeren.

Denken Sie daran:

- Niemals etwas in den Eingangskorb zurücklegen, nachdem Sie es in die Hand genommen haben. Legen Sie es nicht beiseite, bevor Sie nicht eine Entscheidung dazu getroffen haben.
- Sobald Sie eine E-Mail geöffnet haben, sollten Sie sie niemals schließen, bevor Sie nicht beschlossen haben, was damit zu geschehen hat.
- Beginnen Sie immer mit dem obersten Element im Eingangskorb oder E-Mail-Postfach. Widerstehen Sie der Versuchung, den Stapel nach einem »guten Punkt« durchzusehen und einzelne Punkte herauszugreifen.

»Wenn Sie sich angemessen auf Ihr Leben einlassen, brauchen Sie nicht mehr Zeit. Wenn Sie es nicht tun, wird auch mehr Zeit nicht helfen.«

DAVID ALLEN

SCHRITT 6

Erstellen Sie Ihre Nächste-Schritte-Liste und andere Listen

Warum Sie diesen Schritt brauchen!

Bei den ersten drei Schritten haben Sie sich mit Sammeln beschäftigt. Sie haben angefangen, Dinge mit potenziellem Aktionsbedarf aus Gesprächen, Meetings und Ihre eigenen Ideen zu notieren. Mithilfe des Verarbeitens haben Sie daraus nächste Schritte abgeleitet. Bleibt die Frage, wo Sie all diese von Ihnen erkannten nächsten Schritte unterbringen.

Hier kommt die Antwort: Sie richten speziell für diesen Zweck eine Liste ein.

Wenn Sie all Ihre nächsten Schritte auf einer einzigen Liste festhalten, verfügen Sie über einen Ort, an dem Sie nachverfolgen können, was Sie zu tun haben. Diese Aktionen bestimmen Ihren Fortschritt. Sie sind die Grundlage für Ihre gesamte Produktivität. Das Erfassen der nächsten Schritte und deren *Nachverfolgung* auf einer einzigen Liste, zumindest am Anfang, sind entscheidend für Ihren Erfolg mit GTD und für stressfreie Produktivität.

WAS ANDERE ÜBER NÄCHSTE-SCHRITTE-LISTEN SAGEN

»Drei kleine Kinder und ein Geschäft, das ich von zu Hause aus betreibe – das ist eine enorme Herausforderung! Da ich viel zu stemmen habe, bin ich anfällig für Stress. Es hat mir sehr geholfen, meine nächsten Schritte auf einer einzigen Liste zu erfassen. Ich allein entscheide, was auf meine Nächste-Schritte-Liste kommt – und was an eine andere Stelle verschoben werden kann, etwa auf meine Irgendwann/Vielleicht-Liste. Weil ich es auf diese Weise erledige, empfinde ich mich als viel besser organisiert und habe einen klareren Kopf.«

SCHRITT 6

Step-by-Step

Anstatt nur etwas über diesen großen Schritt zu erfahren, ist es besser, ihn direkt anzuwenden. Legen Sie das Workbook zur Seite und führen die Aktionen gemäß der folgenden Beschreibung durch. Dann können Sie zusehen, wie sich der Zauber entfaltet!

1. Beschließen Sie, was Sie für Ihre GTD-Listen verwenden wollen.
2. Erstellen Sie eine Liste mit dem Namen »Nächste Schritte«.
3. Sammeln Sie alles, was Sie zu erledigen haben, als nächste Schritte auf Ihrer Liste.
4. Erstellen Sie die Liste »Irgendwann/Vielleicht«.
5. Erstellen Sie die Liste »Warten auf«.

1. Beschließen Sie, was Sie für Ihre GTD-Listen verwenden wollen.

Wenn Sie bereits *ein Smartphone, einen Computer* oder *ein Tablet* verwenden, um Listen zu verwalten, empfehlen wir Ihnen, das bewährte Gerät auch für Ihre Nächste-Schritte-Liste zu nutzen.

Wenn Sie gewöhnlich *Papier und Stift* verwenden, empfehlen wir, auch Ihre Nächste-Schritte-Liste damit zu führen.

Genau: Was immer Sie im Moment für alle möglichen Listen verwenden – behalten Sie dieses Werkzeug für Ihre neue Liste bei. Wir wollen alles so einfach wie möglich halten, besonders am Anfang.

Ist es Zeit für einen Wechsel?

Wenn Sie glauben, dies sei ein guter Zeitpunkt, um eine neue Software oder eine neue App einzusetzen, sollten Sie noch einmal darüber nachdenken! Manche glauben, der Beginn von GTD laufe darauf hinaus, die allerneueste Software oder eine coole App zu verwenden. Viele Apps wirken tatsächlich attraktiv und scheinen für GTD wie gemacht zu sein. Doch dies ist *nicht* der Zeitpunkt, mit einem neuen Tool loszulegen! Vielmehr ist es entscheidend, dass Sie sich darauf einstellen, eines nach dem anderen zu lernen. Halten Sie Ihre Listen für den Augenblick so simpel wie möglich. Warten Sie, bis Sie in der Lage sind, mit GTD Fahrt aufzunehmen, bevor Sie eine neue App ausprobieren. Diese Lektion haben vor Ihnen schon viele gelernt: Jetzt ist *nicht* der richtige Zeitpunkt, eine neue Software auszuprobieren. Bedenken Sie, dass Sie sich eine völlig neue Art aneignen, Ihren Workflow zu organisieren. Das ist eine gewaltige Aufgabe. Halten Sie an dem Werkzeug, der Software oder der App fest, mit dem Sie derzeit Ihre normalen Listen führen.

HIER ANHALTEN

Wählen Sie EIN Werkzeug für die nächsten Schritte

Möglicherweise nutzen Sie derzeit mehrere unterschiedliche Listenmanager. Wählen Sie anhand der folgenden Checkliste das EINE aus, mit dem Sie von nun an Ihre Nächste-Schritte-Liste führen werden.

1. Schreiben Sie in der ersten Spalte alle Werkzeuge auf, die Sie nutzen (z. B. Apps, ein physisches Notizbuch oder Software wie Google Docs, Microsoft Word oder Pages).
2. Überlegen Sie, mit welchem Sie am besten vertraut sind und bequem arbeiten können.
3. Überlegen Sie, welches am einfachsten und unkompliziertesten zu nutzen ist.
4. Handelt es sich um eine digitale App, finden Sie heraus, welche Software all Ihre Geräte miteinander synchronisieren kann – Computer, Tablet und Smartphone.

1. WERKZEUG	2. AM HÄUFIGSTEN GENUTZT	3. AM EINFACHSTEN	4. KANN SYNCHRONISIEREN
Beispiel: Evernote	×		×

2. Erstellen Sie eine Liste mit dem Namen »Nächste Schritte«.

Erstellen Sie die Liste mithilfe des von Ihnen gewählten Werkzeugs – App, Software oder Stift und Papier.

3. Sammeln Sie alles, was Sie zu erledigen haben, als nächste Schritte auf Ihrer Liste.

Was ist ein nächster Schritt?
Das ist die nächste physische und sichtbare Aktion, die etwas in Richtung Fertigstellung voranbringt. Alles, was Sie zu Ende führen wollen, braucht einen nächsten Schritt, der es weiterbringt. Ihre nächsten Schritte sind die Bausteine Ihrer Produktivität.

Wie sollten Sie einen nächsten Schritt aufschreiben?
Nächste Schritte sind immer mit einem Aktionsverb verbunden, z. B.:

- Werkstatt *anrufen* wegen Terminabsprache Autoreparatur
- Smartphone zum Serviceladen *mitnehmen* – neuen Bildschirm einbauen lassen
- Kinder ins Aquarium *begleiten*
- Nudeln zum Abendessen *kaufen*
- Büro wegen des Projekts *anrufen*
- Kleidung fürs Meeting *auswählen*
- Entwurf *lesen*

VERWENDEN SIE EINE EINZIGE LISTE

Wenn Sie Ihre nächsten Schritte aufschreiben, wird das wenig nützen, solange Sie nicht genau wissen, wo die Liste ist und wie Sie sie problemlos in die Hand bekommen. Eine einzige Liste dient als fester Platz, an dem Sie mit einem Blick alles auf einmal durchsehen können. Später werden wir die Möglichkeit besprechen, mehr als nur eine allumfassende Liste zu führen.

HIER ANHALTEN

Bevor Sie fortfahren, sollten Sie dieses Workbook aus der Hand legen und sich dem von Ihnen gewählten Werkzeug widmen. Nehmen Sie sich ein paar Minuten Zeit, um mit Ihrer Nächste-Schritte-Liste zu beginnen.

Nächste Schritte vs. To-do-Listen

Wenn Sie etwas haben, das Sie erledigen möchten oder müssen, schreiben Sie es als nächsten Schritt auf. Nächste Schritte ersetzen das Konzept der To-do-Listen – diese sind weniger spezifisch. Die Nutzung nächster Schritte ermöglicht es Ihnen auch, zwei Vorgänge getrennt zu halten, die allzu oft gemeinsam ablaufen:

1. Etwas erkennen, das Sie erledigen müssen
   und
2. Es erledigen

Wenn Sie nächste Schritte aufschreiben, geben Sie sich eine Chance zum Durchatmen. Sie können später entscheiden, woran Sie als Nächstes arbeiten.

Eine typische To-do-Liste enthält Positionen wie »Essenseinladung«, »Wäsche« oder »Kita«. So, wie diese Positionen aufgeschrieben sind, stellen sie jedoch ein Problem dar: **Sie legen keine Handlung fest.** Vielleicht verbinden Sie irgendeine Aktion mit dem Begriff »Essenseinladung«, etwa »vorbereiten« oder »annehmen«. Doch diese Aktionen befinden sich in Ihrem Kopf. Am besten ist es aber, jede Aktion aus dem Kopf zu bekommen. Es macht den Unterschied: Nachdem Sie diese Schritte aufgeschrieben haben, ist kein weiteres Denken erforderlich. Nur noch das Erledigen.

Schreiben Sie Ihre nächsten Schritte immer mit einem Verb auf. Durch die passenden Verben werden die Aufgaben klar, spezifisch und können zielführend erledigt werden. Hier einige Beispiele geeigneter Verben für nächste Schritte:

Anrufen	Laden	Nehmen	Sammeln
Kaufen	Organisieren	Skizzieren	Warten
Lesen	Ausfüllen	Durchsehen	Mailen
Bereinigen	Messen	Finden	
Drucken	Recherchieren	Reden mit	

Ohne einen nächsten Schritt bleibt eine potenziell unendliche Lücke zwischen Ihrer aktuellen Welt und dem, was Sie zu tun haben.

Scannen Sie den QR-Code und erfahren Sie von David Allen mehr über nächste Schritte.

+

Mehr dazu finden Sie auch in Kapitel 12 des GTD-Buches »Wie ich die Dinge geregelt kriege«.

Wählen Sie ein Verb für den nächsten Schritt

Diese Übung hilft dabei, nächste Schritte und die Verwendung von aktivierenden Verben zu verdeutlichen. Schauen Sie sich die folgenden nächsten Schritte und die verschiedenen Verben an. Welches Verb ist klar und eindeutig?

AKTIVIERENDES VERB FÜR DEN NÄCHSTEN SCHRITT NR. 1

(Markieren Sie das geeignete Verb.)

A Chantal kontaktieren
B Chantal erreichen
C Chantal anrufen

Ihre Antwort

A Chantal kontaktieren (Nah dran, aber zu unbestimmt)
B Chantal erreichen (Nah dran, aber zu unbestimmt)
C Chantal anrufen (Genau. Dieses Verb ist eindeutig.)

AKTIVIERENDES VERB FÜR DEN NÄCHSTEN SCHRITT NR. 2

(Markieren Sie das geeignete Verb.)

A Online gehen und neue Laufschuhe kaufen

B Neue Laufschuhe beschaffen

C Shoppen gehen und neue Laufschuhe besorgen

Ihre Antwort

A Online gehen und neue Laufschuhe kaufen (Genau. Nehmen Sie kurze Verben, die eine Handlung bestimmen.)

B Neue Laufschuhe beschaffen (Nah dran, aber »beschaffen« ist zu unbestimmt.)

C Shoppen gehen und neue Laufschuhe besorgen (Vielleicht - das hängt davon ab, was Sie wollen. Wollen Sie shoppen gehen, oder wollen Sie neue Laufschuhe kaufen?)

AKTIVIERENDES VERB FÜR DEN NÄCHSTEN SCHRITT NR. 3

(Markieren Sie das geeignete Verb.)

A Kundenumfragen durchsehen

B einen Blick auf Kundenumfragen werfen

C Kundenumfragen

Ihre Antwort

A Kundenumfragen durchsehen (Genau. Das Verb ist eindeutig und ausführbar.)

B einen Blick auf Kundenumfragen werfen (Ist das alles, was Sie zu tun haben - einen Blick darauf werfen? Wählen Sie eine eindeutigere Option.)

C Kundenumfragen (Diese gebräuchliche Kurzform ist nicht die beste Lösung. Ein Hauptwort aufzuschreiben reicht nicht aus; verwenden Sie ein Verb, das eindeutig und ausführbar ist.)

4. Erstellen Sie die Liste »Irgendwann/Vielleicht«.

Wenn Sie Dinge voranbringen wollen, ist es entscheidend, dass Sie alle nächsten Schritte im Auge behalten - das ist Ihnen inzwischen klar. Diese nächsten Schritte ergeben sich aus den Positionen, bei denen Sie erkannt haben, dass Sie sie erledigen müssen, soweit Ihre Zeit das zulässt.

Wahrscheinlich gibt es noch andere Dinge, bei denen Sie überlegen, sie irgendwann auszuführen. Sie sind nicht sicher oder wichtig genug, um es auf die Nächste-Schritte-Liste zu schaffen. Sie möchten diese Ideen aber sammeln, wenn sie Ihnen einfallen, damit Sie sie jetzt aus dem Kopf bekommen. Denken Sie daran: Ihr Kopf ist dazu da, Ideen zu *haben*, nicht, um sie dort zu *halten*. Auf der Liste »Irgendwann/Vielleicht« könnten beispielsweise folgende Dinge stehen:

- Recherchieren, wie Künstliche Intelligenz sich auf Ihre Branche auswirken könnte
- Anfangen, eine neue Wohnung zu suchen
- Infos zu einem neuen Wettbewerber recherchieren
- Ein Instrument erlernen
- Ihr LinkedIn-Profil aktualisieren
- Online-Programme für einen Uni-Abschluss durchsehen

Wenn Sie anfangen, diese neue Liste zu nutzen, sollten Sie daran denken, dass alles, was unter Irgendwann/Vielleicht steht, nicht zum Wegwerfen da ist. Es könnte sein, dass die Einträge am Ende zu den interessantesten und kreativsten Dingen gehören, mit denen Sie je zu tun hatten.

WICHTIG! Wenn Sie bereit sind, ein Element Ihrer »Irgendwann/Vielleicht«-Liste in Angriff zu nehmen, sollten Sie einen nächsten Schritt beschließen und diesen auf Ihre Nächste-Schritte-Liste befördern. Und umgekehrt – wenn Sie beschließen, dass Sie zu einer Sache, die ewig auf Ihrer Nächste-Schritte-Liste steht, nichts unternehmen werden, verschieben Sie sie auf Irgendwann/Vielleicht.

HIER ANHALTEN

Unterbrechen Sie und machen Sie jetzt Folgendes: Nehmen Sie sich ein paar Minuten, um Ihre »Irgendwann/Vielleicht«-Liste zu erstellen. Nutzen Sie dafür das gleiche Werkzeug, das Sie für Ihre Nächste-Schritte-Liste ausgewählt haben.

5. Erstellen Sie die Liste »Warten auf«.

Die »Warten auf«-Liste ist für Dinge gedacht, auf die Sie von anderen warten. Sie ermöglicht Ihnen, den aktuellen Stand dieser Vorgänge im Auge zu behalten.

Auf der »Warten auf«-Liste stehen beispielsweise Aufgaben, die Sie an einen anderen delegiert haben, ein von Ihnen angefragtes Angebot oder eine Bestellung, auf deren Lieferung Sie warten.

Es ist hilfreich, das Datum festzuhalten, ab dem Sie auf die Sache warten, und dazu das Fälligkeitsdatum, falls es eins gibt.

Auf der »Warten auf«-Liste könnte Folgendes stehen:

- Miguel: Vertrag für den Veranstaltungsort in San Francisco ist unterschrieben zurückgesendet worden – 14. Nov.
- Melinda: Beraterkosten für Marketing-Pläne sind kalkuliert – 2. Nov.
- Anthony: Teppich von Home Depot, Bestellung abgeschickt – 1. Nov.
- Mutters Arzt: Ergebnisse der letzten Untersuchung sind da – 3. Nov.
- Buchhaltung: Beratung zu Reisekostenabzügen ist erfolgt – 6. Nov.

!

HIER ANHALTEN

Unterbrechen Sie und machen Sie jetzt Folgendes: Nehmen Sie sich ein paar Minuten, um Ihre »Warten auf«-Liste zu erstellen. Nutzen Sie dazu das gleiche Werkzeug, das Sie für Ihre Nächste-Schritte-Liste ausgewählt haben.

Ihr Terminkalender

Ihr Terminkalender ist wahrscheinlich *der verlässlichste Teil* Ihres aktuellen Systems. Damit Sie ihn als zuverlässiges Werkzeug erhalten können, nutzen Sie ihn am besten für nur *drei Arten* von Informationen.

Zeitspezifische Aufgaben – Alles, was an einem bestimmten Tag zu einer bestimmten Zeit zu geschehen hat. Beispiel: *Teambesprechung um 8:45*. Eine Besprechung ist eine zeitspezifische Tätigkeit. Im Terminkalender sind solche Aktivitäten verlässlich aufgehoben. Neben Besprechungen sind u. a. folgende Ereignisse zeitspezifisch:

- *Verabredungen, Termine*
- *Zeiten, die für eine bestimmte Tätigkeit reserviert sind.*

Tagesspezifische Aufgaben – Alles, was im Laufe des Tages, aber nicht zu einer bestimmten Zeit zu geschehen hat. Beispiel: *Heute noch James anrufen.* Eine tagesspezifische Aufgabe könnte ein Anruf sein, den Sie noch vor Feierabend zu erledigen haben. Weitere Beispiele:

- *Eine Agenda für das morgige Meeting, die Sie heute vorbereiten und verteilen müssen.*
- *Eine Sendung, die heute noch zu verschicken ist.*

Tagesspezifische Informationen – Informationen, die Sie zu diesem Tag wissen oder an die Sie erinnert werden möchten, ohne dass dazu zwangsläufig etwas zu tun wäre. Beispiel: *Miguels Geburtstag*. Weitere Beispiele:

- *Ereignisse, die Ihren Tagesablauf vielleicht stören könnten (Server-Wartung, Umzüge im Büro etc.)*
- *Externe Ereignisse, die zu beachten sind (große Veranstaltungen in der Stadt, Straßensperrungen etc.)*
- *Aktivitäten Ihres nächsten Umfelds (Familie, Mitarbeiter etc.)*

ACHTUNG, AUFGEPASST!

Es ist *nicht* empfehlenswert, nächste Schritte im Terminkalender einzutragen, die Sie einfach nur *gerne* machen würden. Denn wenn es Ihnen nicht gelingt, sie an diesem Tag zu erledigen, wird Ihr Terminkalender immer voller und weniger verlässlich – Sie fangen an, Dinge innerhalb Ihres Kalenders hin- und herzuschieben. Außerdem stehen Ihre nächsten Schritte nicht mehr nur an einem einzigen übersichtlichen Ort. Sehen Sie Ihren Terminkalender als »vorgegebene Landschaft« Ihres Tagesablaufs an – dort finden Sie die Dinge, die an einem bestimmten Tag stattzufinden haben, einschließlich Meetings, Abgabetermine und tagesspezifische Ereignisse. Das sind die Dinge, die Sie zu tun *haben*, und nicht die Dinge, die Sie *vielleicht* erledigen, wenn es sich ergibt. Wenn sie sowohl tages- als auch zeitspezifisch sind, gehören sie nicht auf Ihre Nächste-Schritte-Liste.

Häufig gestellte Fragen

Erstellen Sie Ihre Nächste-Schritte-Liste und andere Listen

Gibt es eine Methode, die Reihenfolge der nächsten Schritte auf einer Liste festzulegen?
Eigentlich nicht. Falls Ihre Liste zu lang ist, sollten Sie herausfinden, ob die eine oder andere Position nicht auf Ihre »Irgendwann/Vielleicht«-Liste gehört. Sie können auch die gleich folgenden »Tipps für Fortgeschrittene« anwenden und Ihre Listen dem Kontext entsprechend organisieren.

Wie oft sollte ich in meinen Terminkalender schauen?
Wenn nicht schon am Vortag, sollte das üblicherweise morgens die erste Aktion sein, und dann so oft wie erforderlich, damit Sie alles im Auge haben, was anliegt. Einige Menschen gehen noch einen Schritt weiter und stellen vor Meetings und Terminen auf dem Smartphone einen Alarm ein.

Wie oft sollte ich meine Listen durchgehen?
Ihre Listen mit den nächsten Schritten sollten Sie immer dann durchgehen, wenn Sie Zeit übrig haben – so sehen Sie, woran Sie arbeiten können. Wenn Sie Ihren GTD-Wochenüberblick durchführen, gehen Sie alle Listen durch und stellen sicher, dass sie aktuell und unterstützend sind.

Tipps für Fortgeschrittene

Weitere Nächste-Schritte-Listen

Wenn Sie all Ihre nächsten Schritte bestimmt haben, kann es irgendwann passieren, dass die Menge zu groß wird und nicht mehr übersichtlich auf einer einzigen Liste festgehalten werden kann. In diesem Fall können Sie darüber nachdenken, Ihre nächsten Schritte in getrennten Kategorien zu organisieren, etwa nach dem speziellen, zur Ausführung der Aufgabe erforderlichen Ort oder Werkzeug.

Sie können beispielsweise entscheiden, dass **Besorgungen,** die auf einer eigenen Liste geführt werden, leichter im Blick zu behalten sind, wenn Sie unterwegs sind. Es könnte für Sie auch sinnvoller erscheinen, für **Büro** und **zu Hause** jeweils verschiedene Listen zu führen.

Es bleibt dabei: Halten Sie Ihr System am Anfang so einfach wie möglich, ehe Sie Möglichkeiten ausprobieren, es an Ihre persönlichen Anforderungen anzupassen.

»Die Essenz von GTD ist, zu wissen, was ›erledigt‹ bedeutet,
wie ›erledigen‹ aussieht und wo es stattfindet.
Das zeigt sich fast nie von allein. Es erfordert Denken –
nicht viel, aber mehr, als Sie vermuten.«

DAVID ALLEN

GRATULATION!

Sie haben Schritt 6 erfolgreich abgeschlossen!

Gehen Sie zur letzten Seite des Workbooks und bringen Sie Ihre Fortschrittsdokumentation mit dem heutigen Datum auf den neuesten Stand!

SCHRITT 7

Behalten Sie Ihre Projekte auf einer einzigen Liste im Blick

Warum Sie diesen Schritt brauchen!

Sie haben nun also eine Handvoll Listen erstellt, auf denen Sie all Ihre nächsten Schritte sammeln können – einschließlich anderer Dinge wie »Irgendwann/Vielleicht« oder »Warten auf«. Projekte sind die nächste Ebene über den *Aktionen*. Vielleicht haben Sie *viele* private und berufliche Projekte parallel laufen, über die Sie den Überblick behalten wollen. Dieser Schritt zeigt, wie Sie diese Projekte unter Kontrolle bekommen.

Was ist ein Projekt?

Einfach ausgedrückt ist ein Projekt alles, was Sie zu erledigen haben oder tun möchten, das *mehr als einen Handlungsschritt* erfordert und das Sie innerhalb eines Jahres abschließen können. Weil es für den Abschluss von mehrstufigen Aufgaben so wichtig ist, Projekte zu bestimmen, brauchen Sie eine einfache und präzise Methode, sie unter Kontrolle zu behalten: Ihre Projektliste.

Was ist eine Projektliste?

Eine Projektliste ist eine Zusammenstellung Ihrer aktuellen Projekte. Eine Liste Ihrer Projekte zu führen, hilft Ihnen dabei, Ordnung zu halten, und spart Zeit, weil es Ihnen einen raschen Zugriff auf Ihre Projekte gestattet. Diese bewährte Praxis trägt dazu bei, dass Sie Vorgänge zu Ende bringen und dabei Stress reduzieren.

Was gehört auf Ihre Projektliste?

Denken Sie an all die mehrschrittigen Aufgaben, die Sie im kommenden Jahr abschließen möchten – angefangen bei der Fertigstellung des Quartalsberichts über die Umstrukturierung Ihrer Abteilung, die Einrichtung des Kinderzimmers bis hin zum Skikurs für schwarze Pisten. Ob groß oder klein, es sind alles Projekte mit mehreren Schritten, und sie verdienen Raum auf Ihrer Liste. Beispiel für eine Projektliste:

- Zusammenarbeit mit J. Schmidt untersuchen
- Das Budget fürs neue Geschäftsjahr planen
- Neues Auto anschaffen
- Marketing-Direktor einstellen
- Branchenverzeichnis aktualisieren
- Neue Software-Infrastruktur einrichten

Projektliste vs. Nächste-Schritte-Liste

Sie fragen sich vielleicht: »Was ist der Unterschied zwischen einer Projektliste und einer Nächste-Schritte-Liste? Kann ich nicht einfach die eine oder die andere verwenden, anstatt zwei Listen zu führen?«

Nicht ganz. Beide Listen helfen Ihnen zwar dabei, Ihre Arbeit im Griff zu behalten, aber jede dient einem anderen Zweck.

Ihre Liste der nächsten Schritte legt die eine spezifische nächste Aktion fest, die Sie vornehmen werden. Ihre Projektliste dagegen definiert die von Ihnen gewünschten Ergebnisse, für die *mehr als ein einzelner nächster Schritt erforderlich* ist und deren Abschluss bis zu einem Jahr dauern könnte.

Anders gesagt, Ihre Projektliste sammelt die gewünschten Resultate für jedes Ihrer Projekte, während Ihre Nächste-Schritte-Liste einzelne nächste Aktionen bestimmt - sowohl diejenigen, die zu einem Projekt beitragen, als auch diejenigen, die für sich allein stehen.

Die meisten Menschen haben durchschnittlich zwischen 20 und 100 gleichzeitig laufende Projekte auf dem Schirm. Sie werden überrascht sein: Denn Sie haben mehr laufende Projekte, als Sie denken!

SCHRITT 7

Step-by-Step

1. Erstellen Sie eine Projektliste.
2. Tragen Sie Ihre Vorhaben in Ihre Projektliste ein.
3. Formulieren Sie für jedes Projekt das gewünschte Ergebnis und wählen Sie für das Endresultat ein passendes Verb.
4. Schreiben Sie für jedes Projekt zumindest einen nächsten Schritt auf.

1. Erstellen Sie eine Projektliste.

Erstellen Sie mithilfe des Werkzeugs aus Schritt 6 eine Liste und nennen sie »Projektliste«.

DIE KRAFT DER PROJEKTLISTE

Eine aktuelle und vollständige Projektliste gehört zu den wichtigsten Listen, die Sie führen sollten. Sie zeigt Ihnen eine Momentaufnahme Ihrer Verpflichtungen für die nächsten 12 Monate. Sie enthält Projekte, die Sie durchführen möchten, und Projekte, die Sie privat oder beruflich »zu erledigen haben«.

Ihre Projektliste muss nicht kompliziert sein. Sie tragen einfach den Namen jedes Projekts in Form eines gewünschten Resultats ein; dazu kommt noch mindestens ein damit zusammenhängender nächster Schritt.

Es kann eine Herausforderung sein, eine Projektliste anzulegen. Allerdings kann Ihnen die Aufstellung Ihrer Projekte – die dadurch für Sie sichtbar werden – ein Gefühl von Kontrolle geben. Sie werden all die Dinge sehen, zu denen Sie sich verpflichtet haben. Das wiederum erlaubt Ihnen zu entscheiden, welche Aufgaben Sie delegieren, neu aushandeln oder mit mehr Engagement angehen sollten.

Nichts tun fühlt sich nur dann gut an,
wenn Sie wissen, was Sie gerade nicht tun.

DAVID ALLEN

2. Tragen Sie Ihre Vorhaben in Ihre Projektliste ein.

Nachdem Sie eine Projektliste angelegt haben, ist es an der Zeit, sie zu befüllen. Auf den folgenden Seiten dieses Workbooks haben Sie Raum für Überlegungen – daraus gehen dann Punkte hervor, die Sie auf Ihre neue Projektliste übertragen können.

ZIELE UND GEWÜNSCHTE ERGEBNISSE

Ihre aktuellen Arbeitsziele und gewünschten Ergebnisse, die binnen eines Jahres abgeschlossen werden können, sind häufig Projekte. Sammeln Sie diese hier:

1. ______________________________
2. ______________________________
3. ______________________________
4. ______________________________
5. ______________________________
6. ______________________________
7. ______________________________
8. ______________________________

Gehen Sie die in der Tabelle notierten Punkte durch. Markieren Sie alle Einträge, die Projekte sind, und übertragen Sie sie auf Ihre Projektliste.

AKTUELLE TÄTIGKEITEN

Ihr Terminkalender, Ihre Nächste-Schritte-Liste, Ihre »Warten auf«-Liste und Ihr Arbeitsplatz dienen dazu, weitere Projekte zu identifizieren, die Sie abschließen müssen. Nehmen Sie sich einen Augenblick, um diese Listen und Orte durchzugehen. Notieren Sie hier, was Sie dabei entdeckt haben:

1. ______________________________
2. ______________________________
3. ______________________________
4. ______________________________
5. ______________________________
6. ______________________________
7. ______________________________

Gehen Sie die in der Tabelle notierten Punkte durch. Markieren Sie alle Einträge, die Projekte sind, und übertragen Sie sie auf Ihre Projektliste.

KARRIEREZIELE

Welche Karriereziele verfolgen Sie? Was wollen Sie in Ihrem Berufsleben erreichen? Halten Sie Ihre Gedanken hier fest:

1. ______________________________
2. ______________________________
3. ______________________________
4. ______________________________

Gehen Sie die in der Tabelle notierten Punkte durch. Können einige davon innerhalb des nächsten Jahres verwirklicht werden? Markieren Sie sie, entscheiden Sie, ob Sie Projekte daraus machen möchten, und übertragen Sie diese auf Ihre Projektliste. Was übrig bleibt, kann in Ihre »Irgendwann/Vielleicht«-Liste übertragen werden.

PROBLEME

Mit Problemen sind wir alle konfrontiert. Am Leben zu sein und sich in der Welt zu bewegen führt naturgemäß zu Situationen, mit denen wir nicht zufrieden sind und die wir als Probleme wahrnehmen. Listen Sie unten einige Probleme auf, mit denen Sie derzeit zu tun haben.

1. ______________________________
2. ______________________________
3. ______________________________
4. ______________________________
5. ______________________________
6. ______________________________
7. ______________________________

Es gehört zu den grundlegenden Prinzipien von GTD, **Probleme als Projekte** anzusehen. Wenn Sie ein Problem erkannt haben, sollten Sie es in einen anderen Bezugsrahmen stellen und als Projekt bezeichnen. Voilà! Nehmen wir an, dass es eine Lösung gibt, die durch eine Handlung erreicht werden kann. Die Lösung des Problems wird zum gewünschten Ergebnis des Projekts.

GEWÜNSCHTES ERGEBNIS

Formulieren Sie jedes auf der vorigen Seite gelistete Problem in den folgenden Zeilen als Projekt. Denken Sie daran: Sie sollten jedes Projekt in Form des gewünschten Ergebnisses ausdrücken. Das wird zum Namen des Projekts.

1. ______________________________
2. ______________________________
3. ______________________________
4. ______________________________
5. ______________________________
6. ______________________________
7. ______________________________
8. ______________________________

Gehen Sie die soeben aufgezählten Projekte noch einmal durch. Markieren Sie diejenigen, die Sie in Ihre Projektliste aufnehmen möchten. Die übrigen können Sie auf Ihre »Irgendwann/Vielleicht«-Liste verschieben.

SELBSTOPTIMIERUNG

Was fällt Ihnen ein, wenn Sie an Selbstoptimierung denken? Gibt es Bereiche Ihres Lebens, die Sie gerne ändern möchten? Gibt es in Ihrem privaten oder beruflichen Leben ein Ergebnis, das Sie sich wünschen? Tragen Sie unten alles ein, was Ihnen dazu einfällt. (Nein, Sie müssen nicht alle sechs Zeilen ausfüllen. Und ja, Sie können mehr eintragen, wenn Sie möchten. Es ist Ihr Leben, und nur die Gegenwart zählt!) Formulieren Sie jeden Punkt als gewünschtes Ergebnis.

1. ______________________________
2. ______________________________
3. ______________________________
4. ______________________________
5. ______________________________
6. ______________________________

Gehen Sie die soeben festgehaltenen Punkte noch einmal durch. Markieren Sie diejenigen, die Sie als Projekt übernehmen, und tragen Sie sie in Ihre Projektliste ein. Die übrigen können Sie auf Ihre »Irgendwann/Vielleicht«-Liste verschieben.

KREATIVITÄT

Haben Sie Interessen, die Sie gerne weiter ausbauen möchten? Kochen, Zeichnen, Programmieren, Stricken? Tragen Sie diese Interessen in die Liste unten ein und wählen Sie aus, welche davon Sie in Ihre Projektliste aufnehmen möchten. Die übrigen können Sie auf Ihre »Irgendwann/Vielleicht«-Liste verschieben.

1. ______________________________
2. ______________________________
3. ______________________________
4. ______________________________
5. ______________________________

3. Formulieren Sie für jedes Projekt das gewünschte Ergebnis und wählen Sie für das Endresultat ein passendes Verb.

GEWÜNSCHTES ERGEBNIS

Gehen Sie die Liste der von Ihnen erstellten Projekte durch und achten Sie darauf, dass jedes im Sinne des gewünschten Ergebnisses formuliert ist. Das ist dann das von Ihnen gewünschte größere, bessere, raschere, leichtere Resultat.

Beispiele für gewünschte Ergebnisse:

- Die Umstrukturierung des Büros abschließen
- Das Budget fürs neue Geschäftsjahr planen
- Zusammenarbeit mit J. Schmidt untersuchen
- Neues Auto kaufen (Technisch gesehen ist der Besitz des neuen Autos das gewünschte Ergebnis, während die für das Ergebnis erforderliche Tätigkeit das »Kaufen« des neuen Autos ist.)
- Marketing-Direktor einstellen (Hier gilt das Gleiche. Technisch gesehen ist der neue Mitarbeiter das gewünschte Ergebnis, während die für das Ergebnis erforderliche Tätigkeit das »Einstellen« der Person ist.)

VERBEN FÜR PROJEKTE

Es funktioniert auch, wenn Sie es *durch die für das Ergebnis erforderliche Tätigkeit* ausdrücken, beispielsweise mit Abschließen, Aktualisieren, Organisieren, Beschaffen, Umsetzen usw. Für Ihre Nächste-Schritte-Liste könnten Sie etwas Ähnliches aufrufen. Im Gegensatz zu den Verben für nächste Schritte sollten die Verben auf Ihrer Projektliste den Einbezug *mehrerer Schritte* erkennen lassen.

Hier ein paar Beispiele für effektive Projekt-Tätigkeitswörter:

Zu Ende bringen	Lösen	Einrichten
Organisieren	Einreichen	Maximieren
Sicherstellen	Umstrukturieren	Veröffentlichen
Aktualisieren	Entwerfen	Vervollständigen
Installieren	Vermarkten	Umsetzen

Scannen Sie den QR-Code und erfahren Sie von David Allen mehr über die Formulierung effektiver Projektdefinitionen.

+

Mehr dazu finden Sie zudem in Kapitel 7 des GTD-Buches »Wie ich die Dinge geregelt kriege«.

4. Schreiben Sie für jedes Projekt zumindest einen nächsten Schritt auf. Nachdem Sie nun durch die Aufstellung all Ihrer Projekte eine Projektliste erstellt haben, schreiben Sie für jedes Projekt immer einen nächsten Schritt auf. Das ist die *erste* und *direkteste* nächste Handlung des Projekts. Damit gewährleisten Sie, dass auf Ihrer Liste eine Aufgabe steht, die das Projekt voranbringt.

Nächste Schritte können Sie *ausführen,* ein Projekt hingegen nicht. Sie können nur die dazu erforderlichen Aktionen ausführen und mit der ersten logischen Handlung beginnen.

Beispiele:

PROJEKT/GEWÜNSCHTES ERGEBNIS (Welches umfassendere Resultat ist gewünscht? Wie erkennen Sie, wann es geschafft ist?)	**NÄCHSTER SCHRITT** (Was ist zu tun, um das zu erledigen? Haben Sie alles, was dazu erforderlich ist?)
Die Umstrukturierung des Büros abschließen	Susan anrufen: Lieferant für Aktenschränke
Das Budget fürs neue Geschäftsjahr planen	E-Mail an Bill senden wegen Kopie des letztjährigen Budgets
Zusammenarbeit mit J. Schmidt untersuchen	Vorschläge für Firmenzusammenlegung entwerfen
Neues Auto kaufen	Im Netz nach Autoangeboten recherchieren
Marketing-Direktor einstellen	Mit Sean sprechen wegen Stellenbeschreibung

ÜBUNG: DEN NÄCHSTEN SCHRITT FÜR EIN PROJEKT BESTIMMEN

Werfen Sie einen Blick auf die folgenden Projekte und denken Sie darüber nach, was Ihrer Ansicht nach der nächste Schritt sein sollte.

Projekt Nr. 1: Ihr Auto reparieren lassen

Was ist der nächste Schritt für dieses Projekt? *(Markieren Sie Ihre Wahl.)*

A Über Alternativen für den Weg zur Arbeit nachdenken.

B Geld für die Reparaturen zurücklegen.

C Die Autowerkstatt anrufen.

Ihre Antwort

A Über Alternativen für den Weg zur Arbeit nachdenken.
Das mag wichtig sein, bringt dieses Projekt aber nicht voran.

B Geld für die Reparaturen zurücklegen.
Ja, wenn Sie wissen, dass es mehr kosten wird, als Sie im Moment haben.

C Die Autowerkstatt anrufen.
Ja, das dürfte der nächste spezifische Schritt sein, der zur Reparatur des Autos erforderlich ist.

Projekt Nr. 2: Das Angebot fertigstellen, das Sie für nächsten Freitag zugesagt haben.

Was ist der nächste Schritt für dieses Projekt? *(Markieren Sie Ihre Wahl.)*

A Das Angebot schreiben.

B Einen Entwurf skizzieren.

C Budget abschätzen.

Ihre Antwort

A Das Angebot schreiben.
Das könnte der nächste Schritt sein, wenn es sich nicht wirklich um ein Projekt handelt. (Zum Abschluss von Projekten sind mehrere Schritte erforderlich.)

B Einen Entwurf skizzieren.
Ja, das könnte die nächste logische Handlung sein, die zur Fertigstellung des Angebots erforderlich ist.

C Budget abschätzen.
Ja, das könnte die nächste logische Handlung sein, die zur Fertigstellung des Angebots erforderlich ist.

Projekt Nr. 3: Wohnzimmer neu streichen.

Was ist der nächste Schritt für dieses Projekt? *(Markieren Sie Ihre Wahl.)*

A In den Baumarkt gehen und die gewünschte Wandfarbe aussuchen.

B Überlegen, welche Freunde beim Streichen helfen könnten.

C Überlegen, ob Sie neue Möbel kaufen.

Ihre Antwort

A In den Baumarkt gehen und die gewünschte Wandfarbe aussuchen.
Ja, das ist ein möglicher nächster Schritt für den Neuanstrich des Wohnzimmers.

B Überlegen, welche Freunde beim Streichen helfen könnten.
Aber wie bringen Sie sie dazu, dabei mitzumachen? Als erster Schritt für den Neuanstrich des Wohnzimmers ist das ein wenig zu unpräzise.

C Überlegen, ob Sie neue Möbel kaufen.
Das könnte eine eigene Aufgabe oder ein eigenes Projekt sein und bringt das geplante Projekt nicht voran. Probieren Sie es für dieses Projekt mit einem anderen nächsten Schritt.

Projekt Nr. 4: WordPress erlernen, um eine eigene Website zu bauen.
Was ist der nächste Schritt für dieses Projekt? *(Markieren Sie Ihre Wahl.)*

A Online-Quellen ausfindig machen, um WordPress lernen zu können.

B Herausfinden, ob die Firma die Kosten erstattet.

C Für den Kurs anmelden, in dem WordPress unterrichtet wird.

Ihre Antwort

A Online-Quellen ausfindig machen, um WordPress lernen zu können.
Ja, das könnte der nächste Schritt für dieses Projekt sein.

B Herausfinden, ob die Firma die Kosten erstattet.
Damit ist noch keine spezifische Handlung benannt. Wie finden Sie das heraus?

C Für den Kurs anmelden, in dem WordPress unterrichtet wird.
Ja, das könnte der nächste Schritt für dieses Projekt sein, sofern Sie wissen, wo Sie sich anmelden können.

Häufig gestellte Fragen

Behalten Sie Ihre Projekte auf einer einzigen Liste im Blick

Kann ich mehrere Projektlisten führen?
Wenn Sie mehrere Projektlisten führen möchten, machen Sie das. Manche Menschen bevorzugen eine berufliche und eine private Liste. Eine einzige Liste zu führen ist der beste Weg, eine vollständige Übersicht aller Projekte zu behalten. Siehe »Tipps für Fortgeschrittene«.

Was ist mit Projekten, die ich delegiert habe?
Es mag Projekte geben, die Sie abgeschlossen sehen möchten, die Sie aber ganz oder teilweise an jemand anderen abgegeben haben – beispielsweise an eine Kollegin oder an ein Familienmitglied. In solchen Fällen möchten Sie vielleicht eine Liste namens **Projekte: Delegiert** führen, um sie im Blick zu behalten. Unter diesen Umständen sollte Ihr GTD-Wochenüberblick diese Liste mit einschließen, dazu gehören auch nächste Schritte, die sich an die abgegebenen Projekte anschließen.

Was ist, wenn zum Abschluss mancher Projekte eigene Unterprojekte erforderlich sind?
Sie können umfangreiche Projekte in Unterprojekte aufteilen oder diese separat als Projekte auflisten. Eigentlich ist das nicht so wichtig. Sie sollten das tun, was für Sie am bequemsten ist. Solange Sie Ihre Projektliste regelmäßig durchsehen, werden Sie auf dem Laufenden bleiben können.

DAS SAGT EIN GTD-ANWENDER

»Irgendwann hatte ich mehr als 140 Punkte auf meiner Projektliste! Mir war klar, dass ich mir zu viel aufgeladen hatte, ich wusste aber nicht, was ich tun sollte. Zumindest hatte jedes Projekt ein eindeutiges Ergebnis und einen nächsten Schritt. Doch ich erkannte, dass ich einfach nicht alle meine Projekte abschließen würde. Das war hart, aber zugleich auch eine gewaltige Erleichterung. Um das in den Griff zu bekommen, wählte ich die Projekte aus, die mir am meisten bedeuteten, und reduzierte meine Liste auf 60 Projekte. Bei manchen entschied ich, sie komplett zu verwerfen, andere verschob ich auf meine ›Irgendwann/Vielleicht‹-Liste. Das ist viel besser!«

»Manche Menschen führen Listen großer Ziele und Visionen, viele andere führen einfache To-do-Listen. Sehr wenige führen Listen mit allem, was dazwischen liegt (›Projekte‹), und das ist eine entscheidende Liste, wenn man Woche für Woche auf die richtigen Dinge fokussiert bleiben will.«

DAVID ALLEN

Tipps für Fortgeschrittene Weitere Projektlisten

Sobald Sie die Verwendung Ihrer Projektliste gemeistert haben, möchten Sie vielleicht innerhalb Ihrer Projektliste einzelne Abschnitte oder auch neue, separate Projektlisten einrichten. Hier folgen ein paar Beispiele dafür.

1. Private/berufliche Listen. Manch einer fühlt sich wohler, wenn die Listen nach privaten und beruflichen Projekten aufgeteilt sind. Ihre private Projektliste sollten Sie ebenso sorgfältig durchgehen wie Ihre berufliche – heben Sie sich die private Liste nicht bloß für die Wochenenden auf! Die größten Drucksituationen im beruflichen Umfeld sind häufig auf private Lebensaspekte zurückzuführen, die vernachlässigt wurden.

2. Delegierte Projekte. Wie schon im Abschnitt der »Häufig gestellten Fragen« angesprochen, können Sie eine Liste namens **Projekte: Delegiert** anlegen. Dort verfolgen Sie Projekte, die Sie an andere abgegeben haben. Denken Sie daran, diese Liste regelmäßig durchzugehen und darauf zu achten, dass alles angemessen vorankommt.

3. Spezifische Arten von Projekten. In manchen Fällen dürften Sie es nützlich finden, mehrere unterschiedliche Projekte der gleichen Art gemeinsam zu pflegen. So könnten Sie eine Kategorie **Projekte: Präsentationen** anlegen, wo Sie eine chronologische Liste aller auf Sie zukommenden Veranstaltungen führen, für die Sie Präsentationen brauchen. In diesem Fall würden Sie diese Liste so lange auf Aktionen hin durchsehen, bis sie abgeschlossen sind. Es könnte eine zusätzliche Hilfe sein, sie alle auf einer Liste einzusehen, in der Reihenfolge, in der sie im Kalender stehen, unabhängig von Ihren weiteren Projekten.

4. Unterprojekte einrichten. Einige Ihrer Projekte werden wahrscheinlich wichtige Unterprojekte einschließen, von denen jedes als eigenständiges Projekt angesehen werden kann. Wenn Sie ein umfangreiches Projekt als Einzeleintrag auf Ihrer Projektliste führen, sollten Sie eine Liste der Unterprojekte und/oder den Projektplan selbst unter der Bezeichnung »Projektunterstützungsmaterial« führen, das Sie zu gegebener Zeit durchsehen können. Dieses Vorgehen ist zu empfehlen, wenn große Teile des Projekts von anderen Teilen abhängen, die zuerst fertiggestellt werden müssen. In diesem Fall können Sie Unterprojekte haben, mit denen keine nächsten Schritte verbunden sind. Das liegt daran, dass diese Handlungsschritte auf andere Dinge warten, die erfüllt sein müssen, ehe sie vorankommen können. So könnten Sie beispielsweise nicht mit »Küchenzeile erneuern« anfangen, ehe Sie nicht »Wohnungselektrik prüfen und auf den neuesten Stand bringen« beendet haben. Oder Sie können sich immer nur die Renovierung eines Zimmers in Ihrer Wohnung leisten, was das Festlegen einer Reihenfolge sinnvoll macht. Dessen ungeachtet könnten Sie für »Terrasse fertigstellen« unabhängig von den anderen Unterprojekten den Startschuss geben. In diesem Fall möchten Sie einen nächsten Schritt festlegen, der für dieses größere Projekt fortwährend aktualisiert wird, um hier unabhängig Fortschritte zu realisieren.

GRATULATION!

Sie haben Schritt 7 erfolgreich abgeschlossen!

Gehen Sie zur letzten Seite des Workbooks und bringen Sie Ihre Fortschrittsdokumentation mit dem heutigen Datum auf den neuesten Stand!

SCHRITT 8

Richten Sie Ordner ein, um organisiert zu bleiben

Warum Sie diesen Schritt brauchen!

Sie brauchen diesen Schritt, FALLS Sie sich je gefragt haben:

- Wo ist dieses Dokument ...?
- Was habe ich bloß mit diesem Papier gemacht ...?
- Könnten Sie mir diese Unterlagen bitte noch einmal schicken ...?
- Wo habe ich diese E-Mail abgelegt?

Unordnung gehört zu den größten Stressfaktoren im Leben und hindert Produktivität ungemein.

Ordner bewahren Sie vor Zeitverlust, Frustration und Stress! Das System, das Sie gleich in Ihr Leben einführen werden, ermöglicht es Ihnen, Informationen auf ordentliche Weise rasch zu **sichern** und bei Bedarf schnell **darauf zugreifen** zu können. Sie werden feststellen, dass es flexibel, umfassend und für all Ihr Referenz- und Hilfsmaterial erweiterbar ist.

In diesem Schritt lernen Sie, wie Sie Ihre Papiere und Dokumente organisieren können.

DAS SAGT EIN GTD-ANWENDER

»Jahrelang hatte ich kein verlässliches Ablagesystem. Ergebnis? Ich hatte stapelweise Ordner und Papiere, die meinen Schreibtisch komplett belagerten. Ich konnte nichts finden, wenn ich es brauchte. Dass ich jetzt über die passende Struktur verfüge, hat meine Arbeitsweise verändert. In weniger als einer Minute kann ich das erforderliche Referenzmaterial oder die Projektunterlagen einordnen oder finden.«

SCHRITT 8

Step-by-Step

1. Kaufen Sie Material ein.
2. Richten Sie Ihre Einstellmappen ein.
3. Richten Sie Ihre digitalen Ordner ein.

1. Kaufen Sie Material ein.

Richtig, auch wenn Sie mithilfe einer App digitale Listen erstellt haben, gibt es immer noch einiges, was Sie manuell zu erledigen haben. Dazu brauchen Sie Folgendes:

- ☐ **Eine Box mit Einstellmappen** – Kaufen Sie eine Box mit Einstellmappen. Nehmen Sie möglichst keine Hängeregister. Falls Sie gezwungen sind, Hängeregister zu nutzen, packen Sie in jedes Hängeregister je eine beschriftete Einstellmappe.
- ☐ **Etikettenvordrucke A–Z oder A–Z-Register** – Zum Ordnen Ihres Referenzmaterials können Sie bedruckte Register verwenden. Alternativ dazu können Sie Etiketten nutzen. Sortieren Sie alle Ihre Mappen in alphabetischer Reihenfolge, sodass Sie sie auf Anhieb finden können.
- ☐ **Eine Box mit Blankoetiketten (für handbeschriftete Etiketten) oder besser ein Etikettiergerät** – Sie können entweder Blankoetiketten oder ein Etikettiergerät verwenden. Letzteres ist eine hervorragende Investition! Damit bleiben Ihre Mappen sauber und erleichtern die Handhabung. (Sie werden staunen, wie gut sich das anfühlt! Sie werden sich sofort besser organisiert vorkommen.)
- ☐ **Einen Aktenschrank, Schubfächer oder ein transportables Ordnersystem für die Einstellmappen** – Vielleicht möchten Sie neue Schubfächer einrichten, oder Sie beschaffen sich einen neuen Aktenschrank. Achten Sie darauf, dass die Mechanik von sehr guter Qualität ist. Dies ist nicht der Ort, an der Qualität zu sparen.

HIER ANHALTEN

Bevor Sie fortfahren, sollten Sie sicherstellen, dass Sie alle Materialien der vorherigen Seite zur Hand haben.

2. Richten Sie Ihre Einstellmappen ein.

Mit Ihrem Material in Reichweite erstellen Sie Ordner für alle folgenden Punkte und verstauen Sie sie alphabetisch geordnet in Ihrem Aktenschrank oder Ihrem transportablen System. Das kann bis zu einer Stunde dauern - planen Sie die Zeit entsprechend ein.

- ☐ **Mappe: Nächste Schritte – Unterstützungsmaterial** - Hier legen Sie Informationen und Dokumente ab, die Ihnen helfen, die Dinge auf Ihrer Nächste-Schritte-Liste zu erledigen. Dazu gehören eigene Anmerkungen, Sicherheitskopien von Dokumenten, Broschüren, Terminpläne oder andere Dinge, die Sie zum Abschluss dieses nächsten Schrittes brauchen. Normalerweise geht es einfacher und schneller, für diese Elemente einen einzigen Ordner zu nutzen anstatt viele einzelne.
- ☐ **Projektordner** - Jedes Ihrer Projekte, zu dem es relevantes Begleitmaterial gibt, sollte einen eigenen Ordner bekommen - das Etikett trägt den Projektnamen. Diese Ordner enthalten alles Referenz- und Unterstützungsmaterial für Ihre Arbeit an diesem Projekt. Dazu gehört Material, das keine unmittelbare Aktion erfordert - Abläufe, Planungsdokumente, Meeting-Notizen, Beispiele von anderen Projekten, Listen mit Ideen und andere Dinge. Manche Menschen ziehen es vor, ihre Projektordner in Griffweite zu haben - auf dem Schreibtisch oder vorne im Aktenschrank.
- ☐ **Mappen A–Z** - Diese Mappen enthalten jede Art von Referenzmaterial ohne Handlungsbedarf und Informationen, die Sie im Auge zu behalten haben. Dazu gehören vielleicht Artikel, Rezepte, Verträge und andere Dokumente - Positionen, auf die Sie möglicherweise später zugreifen möchten. Sie sollten - Ihren Bedürfnissen angepasst - für jedes Thema oder jede Kategorie jeweils eine eigene Mappe anlegen. Diese ordnen Sie alphabetisch, damit Sie an nur einem oder zwei Orten nachsehen können, um zu finden, was Sie brauchen.
- ☐ **Mappe: »Warten auf« – Unterstützungsmaterial** - In diese Mappe nehmen Sie Erinnerungshilfen zu Dingen auf, auf die Sie warten. Dazu gehören Details zu delegierten Aufgaben, Anfragen anderer, Bestätigungen für bestellte Posten etc. Behalten Sie diese Dinge auf Ihrer »Warten auf«-Liste, da dieser Ordner nur Begleitmaterial enthält, das Sie vielleicht zum Nachfassen brauchen.
- ☐ **Mappe: »Nach Hause mitnehmen«** - Alles, was Sie vom Büro mit nach Hause nehmen wollen, gehört in diese Mappe. Diese könnten Sie in Ihrer Aktentasche oder an einem festgelegten Platz in Ihrem Büro aufbewahren.
- ☐ **Mappe: »Ins Büro mitnehmen«** - Alles, was Sie von zu Hause mit ins Büro nehmen wollen, gehört in diese Mappe. Diese könnten Sie in Ihrer Aktentasche, Handtasche oder an einem festgelegten Platz in Ihrer Wohnung aufbewahren.

HIER ANHALTEN
Ehe Sie fortfahren, stellen Sie sicher, dass Sie alle Einstellmappen angelegt und in dem von Ihnen gewählten Ablagesystem alphabetisch sortiert haben.

3. Richten Sie Ihre digitalen Ordner ein.

Was die Dateien in Ihrem Computer angeht, können Sie einen ähnlichen Prozess nutzen, um Ihre digitalen Dokumente zu organisieren. Es ist hilfreich, für physische und für digitale Dokumente zwei parallele Systeme einzurichten.

- ☐ Für E-Mails - Richten Sie die folgenden E-Mail-Ordner ein und setzen Sie diese an die oberste Stelle Ihrer Ordnerliste:
  - *Nächste Schritte*
  - *Warten auf*
  - *Jeweils einen Ordner für jedes Projekt, mit dem relevante E-Mails verbunden sind*
- ☐ Statt A–Z-Ordner für alle anderen E-Mails, die Sie aufheben wollen, können Sie alternativ auch einen einzigen Archivordner führen. E-Mail-Programme bieten inzwischen hervorragende Suchfunktionen. Wenn Sie eine bestimmte E-Mail finden wollen, nutzen Sie die Suchmaske für Absender, Empfänger oder Betreff.

Verzichten Sie darauf, einzelne A–Z-Ordner zu erstellen. Richten Sie stattdessen einen Ordner für die Verwahrung aller gewünschten Mails ein und benennen ihn nach dem laufenden Kalenderjahr, z. B. »20xx«. (Wenn Sie sehr viele Mails bekommen, die Sie aufheben wollen, können Sie das um das laufende Quartal ergänzen, z. B. »20xx Q1«.)

Bei manchen E-Mail-Programmen können Sie mithilfe des @-Zeichens oder anderer Symbole die Reihenfolge steuern. Entsprechend benannte Ordner werden somit immer an der Spitze Ihrer Ordnerliste stehen, auch wenn die alphabetische Reihenfolge eine andere wäre.

TIPPS ZUR EINRICHTUNG EINES UNKOMPLIZIERTEN ABLAGESYSTEMS FÜR PAPIERE

BESTES VORGEHEN	NICHT EMPFOHLEN
Schubladen nur zu zwei Dritteln füllen – das ermöglicht einfachen Zugang und erleichtert rasches Ablegen und Auffinden.	Voll gepackte Schubladen machen die Ablage schwierig und unangenehm – und sie erschweren das Auffinden Ihrer Dokumente.
Nur ein System zur Organisation von Mappen verwenden.	Mehrere unterschiedliche Ordnersysteme oder farbcodierte Ordner. Diese machen die Nutzung unübersichtlich.
Neue Einstellmappen und Etiketten in der Nähe bereithalten und sicherstellen, dass sie immer griffbereit sind.	Keine Blankoordner verfügbar.
Mehr Schubladen als erforderlich nutzen, wenn die Zahl der Ordner wächst. Mindestens einmal jährlich ausmisten.	Alte, nicht mehr aktuelle Papiere und Ordner verstopfen die Schublade.
Statt handgeschriebener Etiketten besser ein Etikettiergerät verwenden.	Handgeschriebene Reiter sind schwer lesbar und vermitteln nicht das gleiche Gefühl von Zufriedenheit.
Einstellmappen sind einfacher rasch zu ergänzen. Wenn Sie Hängemappen nutzen müssen, sollten Sie Kunststoffreiter vermeiden; einfach die Einstellmappen etikettieren und eine Mappe je Hängeregister nutzen.	Hängemappen und Kunststoffreiter sind sperrig in der Nutzung.

Häufig gestellte Fragen

Richten Sie Ordner ein, um organisiert zu bleiben

Was ist, wenn ich am Arbeitsplatz verpflichtet bin, Hängeregister zu nutzen?
Die meisten Schreibtischschubladen sind für Hängemappen eingerichtet, und manche Firmen fordern sie auch. Wir empfehlen Ihnen, in jeder Hängemappe nur eine oder zwei Einstellmappen unterzubringen und statt der Hänge- die Einstellmappe zu beschriften. So sind die einzelnen Ordner weit besser zu erkennen und aufzufinden, und ein alphabetisches System funktioniert besser, wenn Sie nicht mit überfüllten Hängern kämpfen müssen.

Warum ist ein Etikettiergerät wichtig?
Mit einem Etikettiergerät halten Sie Ihr System attraktiv und effizient. Sie würden sich wundern, wie viele Menschen mir mitteilen, welchen Unterschied es für sie macht, wenn sie sauberere und klarer lesbare Etiketten verwenden! Sie werden feststellen, dass es sich lohnt, Zeit, Mühe und Geld darauf zu verwenden.

Gibt es bestimmte Marken oder Büroartikelhändler, die Sie empfehlen?
Es gibt nur eine Empfehlung: Qualität. Hier sollten Sie nicht knausern. Sie wollen solide und haltbare Mappen. Nutzen Sie einen stabilen Schrank. Sehen Sie sich nach den haltbarsten Materialien zum besten Preis um.

Warum sollte ich alphabetische Etiketten von A–Z verwenden? Kann ich auch eine Farbcodierung nutzen?
Farbcodierungen sehen hübsch aus, werden aber zur Qual, wenn Sie neue Ordner anlegen und ein Verzeichnis für jede Farbe zu führen haben. Glauben Sie mir, ein alphabetisches System ist das einzige, das über einen relevanten Zeitraum hinweg Bestand hat. Es funktioniert schnell und einfach.

Wie oft sollte ich meine Ordner ausmisten?
Sortieren Sie Unterlagen so oft aus, wie es erforderlich ist, um das System attraktiv und effizient zu halten. Sie wollen nicht, dass Ihr Ordnersystem zur Kramschublade verkommt. Gehen Sie Ihre Akten wenigstens einmal jährlich durch und entsorgen Sie alles, was Sie nicht mehr brauchen. Ordnen Sie die Unterlagen. Ersetzen Sie Mappen, die zerrissen oder abgenutzt sind.

Tipps für Fortgeschrittene

Nutzen Sie eine Wiedervorlage

Eine Wiedervorlage ist ein Set von Ordnern mit künftigen Daten oder Unterlagen. Damit haben Sie das Material an dem Tag verfügbar, an dem es gebraucht wird. Dazu gehören beispielsweise Notizen für ein anstehendes Meeting, Reisepapiere oder eine für einen Bekannten geschriebene Geburtstagskarte.

Typischer Aufbau

1. Etikettieren Sie einen Bereich Ihrer Schublade mit »Wiedervorlage«.
2. Nehmen Sie einen Stapel Einstellmappen und markieren fortlaufend von 1 bis 31 für die maximale Tagesanzahl eines Monats.
3. Markieren Sie danach zwölf Einstellmappen fortlaufend mit den Monaten. Nun haben Sie ein Jahr mit Mappen abgedeckt.

Anwendung

1. Wenn im Lauf der Zeit Unterlagen anfallen, die Sie an einem bestimmten Datum brauchen, legen Sie diese in den Ordner für den betreffenden Monat.
2. Am Ersten jedes Monats nehmen Sie die Dinge aus dem Monatsordner und sortieren sie in die Tagesordner (1–31).

3. Holen Sie bei Bedarf die Information für den jeweiligen Tag hervor. Achten Sie darauf, in Ihrem Terminkalender zu notieren, dass sich das für eine geplante Veranstaltung gebrauchte Dokument in Ihrer Wiedervorlage befindet.

Digitale Impulse

Möglicherweise verwenden Sie für diese »Wiedervorlage«-Funktion lieber Ihren digitalen Terminkalender, indem Sie den tagesspezifischen Teil des Kalenders nutzen, um sich an etwas erinnern zu lassen, das an einem bestimmten Datum stattfindet. In diesem Fall – und wenn dazu relevantes physisches Material existiert – bewahren Sie es in Ihrem papierbasierten Ablagesystem auf; Ihre digitale Notiz wird Sie daran erinnern, wo es zu finden ist.

Erstellen Sie einen Ordner »Lesen und prüfen«

In Ihrem Eingangskorb werden Sie zweifellos auf einige Dinge stoßen, bei denen Ihr nächster Schritt darin besteht, sie zu lesen. Dieses Lesematerial bewahren Sie in einer Ablage oder einem Ordner mit der Aufschrift **Lesen/Prüfen**. Diesen Ordner können Sie sowohl physisch als auch digital führen.

Tipps, wie Sie zum Lesen kommen

- ☐ Tragen Sie einigen Lesestoff mit sich – so können Sie die Zeit nutzen, wenn Sie vor einem Meeting warten.
- ☐ Nehmen Sie sie im Zug oder im Flugzeug mit.
- ☐ Legen Sie in Ihrem Terminkalender regelmäßige Zeiten fest oder schreiben Sie im Bedarfsfall einen nächsten Schritt auf, um die Unterlagen auch wirklich zu lesen.

GRATULATION!

Sie haben Schritt 8 erfolgreich abgeschlossen!

Gehen Sie zur letzten Seite des Workbooks und bringen Sie Ihre Fortschrittsdokumentation mit dem heutigen Datum auf den neuesten Stand!

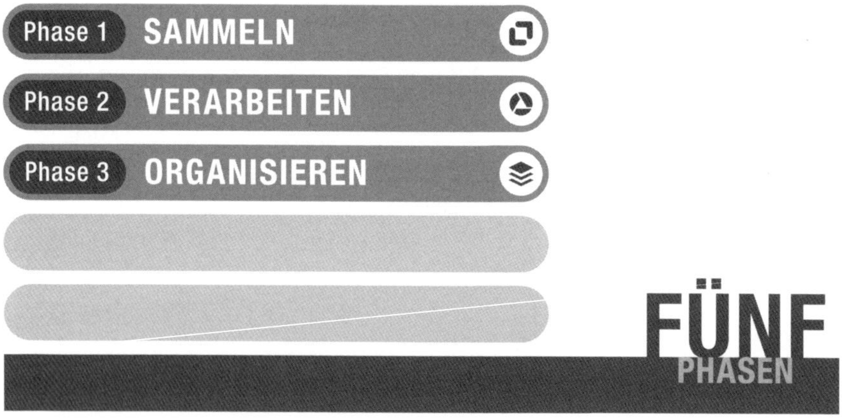

*»Organisiert sein heißt einfach, dass sich etwas dort befindet,
wo sie es auch erwarten. Ich bin kein von Natur aus organisierter Mensch –
von Natur aus bin ich faul! Und organisiert bin ich nur so weit,
dass ich nicht fortwährend neu darüber nachdenken muss,
wo meine Aufgaben und Projekte liegen. Wenn sie auf dieser Liste stehen,
in diesem Ordner oder in jener Schublade sind, dann bedeutet das X,
und ich muss nicht erneut darüber nachdenken,
sondern nur entscheiden, ob ich sie angehen soll oder nicht.«*

DAVID ALLEN

Ihre Checkliste für die Schritte der Phase »Organisieren«

Schritt 6

☐ Ich habe eine Nächste-Schritte-Liste erstellt.
☐ Ich verfolge meine nächsten Schritte auf einer Liste oder einer passenden Zahl von Listen.
☐ Ich habe eine »Irgendwann/Vielleicht«-Liste angelegt.
☐ Ich habe eine »Warten auf«-Liste erstellt (um Dinge zu verfolgen, die ich an andere abgegeben habe).

Schritt 7

☐ Ich habe eine Projektliste angelegt.
☐ Ich verfolge meine Projekte auf einer Liste oder einer passenden Zahl von Listen.

Schritt 8

☐ Ich habe Einstellmappen eingerichtet, um meine Projekte und mein Unterstützungsmaterial zu organisieren.
☐ Ich habe mithilfe von Einstellmappen mein physisches Referenzsystem eingerichtet.
☐ Ich habe auf meinem Computer mein digitales Referenzsystem eingerichtet.

Terminkalender

☐ Ich verwende meinen Terminkalender nur für folgende Tätigkeiten:

- *Zeitspezifische Aufgaben*
- *Tagesspezifische Aufgaben*
- *Tagesspezifische Informationen*

SCHRITT 9

Führen Sie einen GTD-Wochenüberblick (Weekly Review®) durch

Warum Sie diesen Schritt brauchen!

Für einen GTD-Wochenüberblick setzen Sie sich – vielleicht immer zur gleichen Zeit an denselben Ort – und sehen Sie die vergangene Woche, die anstehende(n) Woche(n) und Ihr GTD-System durch. Wenn es Ihnen so geht wie den meisten, wird dieser Schritt zu den verlässlichsten und befriedigendsten Aktivitäten Ihrer Woche werden.

Wie ein Küchenchef, der seine Messer schärft, und eine Rennfahrerin, die ihren Motor einstellt, brauchen wir alle Zeit, um uns zu erneuern, zu überprüfen und produktiver zu werden – bei unserer Arbeit und in unserem Privatleben.

Sie haben dieses Workbook in die Hand genommen, weil Sie produktiver werden und Stress reduzieren wollten. Wenn Sie lernen, diese Schritte – insbesondere den GTD-Wochenüberblick – in Ihr Leben zu integrieren, werden Sie beides schaffen.

Ihr GTD-Wochenüberblick wird Sie dabei unterstützen zu erkennen, was Sie abgeschlossen haben und was noch umzusetzen bleibt, während Ihr Weg Sie weiter zu mehr Produktivität und weniger Stress führen wird. Um Ihre Arbeit und Ihr Privatleben ins Gleichgewicht zu bringen, ist es wichtig, den Wochenüberblick regelmäßig durchzuführen.

Jede Woche?

Ist es wirklich erforderlich, jede Woche einen GTD-Wochenüberblick durchzuführen? Nein, das brauchen Sie nicht zu machen. Es ist immer Ihre Entscheidung. Doch Sie werden feststellen, dass es so etwas wie Zähneputzen wird; wenn Sie es unterlassen, fühlen Sie sich schmuddelig und unbehaglich. Es ist eine bewährte Methode. Vielleicht merken Sie, dass es – ähnlich wie Meditieren oder eine Massage – eine beruhigende und erdende Tätigkeit ist, auf die Sie sich jede Woche freuen können. Es ist die Zeit für Sie, in der Sie sich wiederherstellen und auffrischen.

KOMMENTARE VON GTD-ANWENDERN

Beim Wochenüberblick geht es vor allem darum, etwas zur Gewohnheit werden zu lassen. Hier ein paar Ideen erfahrener Anwender, die Ihnen als Anstoß dienen sollen:

Verknüpfen Sie ihn mit einer anderen Tätigkeit – »Ich habe gelesen, dass jede Gewohnheit durch etwas anderes ausgelöst wird – ein täglich wiederkehrendes Ereignis, eine Tageszeit, eine Routine. Deshalb habe ich meinen Wochenüberblick mit meinem Samstagsfrühstück verbunden. Ich erledige das beim Essen, und so verpasse ich meinen GTD-Wochenüberblick – oder das Samstagsfrühstück – niemals.«

Stellen Sie sicher, dass er einfach durchzuführen ist – »Ich sah die Notwendigkeit, eine neue Gewohnheit zu entwickeln. Als ich damit anfing, machte ich es mir so einfach wie möglich. Ich bin dabei absolut konzentriert, und inzwischen kann ich nicht mehr ohne ihn leben.«

Erstellen Sie eine Liste aufeinanderfolgender Erfolgserlebnisse – »Ich brauchte einige Zeit, um den GTD-Wochenüberblick zur Gewohnheit zu machen. Ich nannte ihn immer meinen monatlichen GTD-Wochenüberblick! Inzwischen mag ich die Zeit, die ich mir an Samstagnachmittagen in meinem Home-Office nehme, um mein System durchzugehen. Ich lege meine Lieblingsmusik auf und nutze die Gelegenheit, um mit meiner Arbeit und meinem Privatleben ins Reine und auf den aktuellen Stand zu kommen. Es ist die Zeit, in der ich sehe, was ich verpasst habe, in der ich nachdenke und mich mir widme.«

Belohnen Sie sich – »Es hört sich blöd an, aber wenn ich mir eine Belohnung in Aussicht stelle, motiviert mich das, meinen Wochenüberblick abzuschließen. Bei mir funktionieren einfache Sachen wie ein Eis oder eine Viertelstunde Vergnügen.«

Dokumentieren Sie Ihre Fortschritte – »Ich nutze die Tabelle zur Dokumentation meiner Fortschritte, um meine GTD-Wochenüberblicke festzuhalten. Damit habe ich die Möglichkeit, Woche für Woche meinen Fortschritt visuell zu prüfen und zu sehen, wie meine Gewohnheit sich entwickelt.«

Der ideale Ort – »Ich hatte Probleme damit, einen GTD-Wochenüberblick in meinen Alltag einzubauen. Ich habe Kinder, und ich arbeite in einem geschäftigen Büro. Ich hatte keine Zeit – oder keinen Ort –, wo ich nicht unterbrochen wurde. Als ich dann eines Tages zur Arbeit fuhr, fiel mir die öffentliche Bibliothek ins Auge. Keine Störungen! Ruhe im Überfluss! Inzwischen gehe ich einmal pro Woche früher aus dem Büro und lege einen Zwischenstopp in der Bibliothek ein. Dort verbringe ich Zeit fernab der Welt und gehe meine Projekte und Nächste-Schritte-Listen durch. Diese Auszeit hat sich sehr positiv auf meine Produktivität ausgewirkt – und meinen Stress reduziert.«

SCHRITT 9

Step-by-Step

1. Führen Sie Ihren ersten GTD-Wochenüberblick durch.
2. Wählen Sie einen regelmäßigen Zeitpunkt und Ort und tragen Sie dies als Termin in Ihren Kalender ein.

1. Führen Sie Ihren ersten GTD-Wochenüberblick durch.

Da Sie Ihr Workbook bereits geöffnet und den Prozess bis hierher vorangetrieben haben, sollten Sie sich *jetzt* die Zeit nehmen, Ihren ersten GTD-Wochenüberblick durchzuführen.

Wir haben ihn für Sie einfach gestaltet. Sie brauchen nur die Checkliste für den GTD-Wochenüberblick auf der nächsten Seite Punkt für Punkt durchzugehen. Dabei werden Sie feststellen, dass Sie mit den Grundsätzen und Methoden bereits vertraut sind – das haben Sie die ganze Zeit hindurch gemacht!

DRUCKEN SIE DIE CHECKLISTE AUS!

Wir möchten Sie dazu ermutigen, eine Kopie der Checkliste zu machen und diese bei der Durchführung des Wochenüberblicks immer dabeizuhaben.

Checkliste für den GTD-Wochenüberblick

Klarheit schaffen

- ☐ LOSE BLÄTTER, PAPIERE, NOTIZEN UND BELEGE SAMMELN
  Sammeln Sie alle angesammelten Visitenkarten, Belege und anderen Papiere in Ihrem Eingangskorb.
- ☐ DEN POSTEINGANG LEEREN
  Verarbeiten Sie alle Papiere, Notizbucheinträge, Mitschriften aus Besprechungen, Mailbox-Nachrichten, Aufnahmen auf dem Diktiergerät und E-Mails vollständig.
- ☐ DEN KOPF LEER BEKOMMEN
  Halten Sie alle noch nicht erfassten neuen Projekte, Aufgaben, Vorgänge aus den Kategorien »Warten auf« und »Irgendwann/Vielleicht« etc. schriftlich (in den entsprechenden Kategorien) fest.

Auf den aktuellen Stand kommen

- ☐ ALLE LISTEN MIT NÄCHSTEN SCHRITTEN DURCHGEHEN
  Streichen Sie durch, was erledigt ist. Sehen Sie nach, ob weitere Schritte festgehalten werden müssen.
- ☐ VERGANGENE KALENDEREINTRÄGE ÜBERPRÜFEN
  Die abgelaufene Woche im Kalender durchsehen, um festzustellen, ob noch Aufgaben, Referenzmaterial etc. verblieben sind, die Sie gleich ins aktuelle System übertragen.
- ☐ ANSTEHENDE TERMINE DURCHGEHEN
  Kurz- und langfristig anstehende Termine durchgehen: Erfassen Sie alle sich daraus ergebenden Aufgaben.
- ☐ »WARTEN AUF«-LISTE ÜBERPRÜFEN
  Halten Sie fest, was notwendig ist, um den Vorgang ggf. weiterzuverfolgen. Streichen Sie, was Sie bereits erhalten haben.
- ☐ LISTE DER PROJEKTE (UND DER GEWÜNSCHTEN ERGEBNISSE AUF HÖHEREN EBENEN) DURCHGEHEN
  Bewerten Sie für jedes Projekt einzeln, welchen Stand Sie im Projekt, bei Zielen und gewünschten Ergebnissen erreicht haben, und stellen Sie sicher, dass in Ihrem System für jedes Projekt mindestens ein nächster Schritt definiert

ist. Blättern Sie Ihre Projektpläne, Unterstützungsmaterialien und anderen Materialien, mit denen Sie arbeiten, durch, um Impulse für neue Aufgaben, erreichte Ziele oder die »Warten auf«-Liste zu erhalten.

- ☐ ALLE RELEVANTEN CHECKLISTEN DURCHGEHEN
  Verwenden Sie die Checklisten als Impuls für neue Aufgaben.

Kreativ werden

- ☐ »IRGENDWANN/VIELLEICHT«-LISTE DURCHGEHEN
  Prüfen Sie, ob vielleicht eines Ihrer Projekte aktuell geworden ist, und verschieben Sie es ggf. in die dafür geeignete Liste. Löschen Sie, was nicht mehr interessant für Sie ist.
- ☐ KREATIV UND MUTIG WERDEN
  Haben Sie irgendwelche neuen, wundervollen, verrückten, kreativen oder provokanten Einfälle und Ideen, die in Ihr System gehören?

2. Wählen Sie einen regelmäßigen Zeitpunkt und Ort und tragen Sie dies als Termin in Ihren Kalender ein.

1. Zeit. Wählen Sie den für Sie passenden Wochentag und dazu die Uhrzeit – einen Termin, an den Sie sich Woche für Woche mit größter Wahrscheinlichkeit halten können. Manche Menschen bevorzugen den Freitagnachmittag, gelegentlich auch den Samstag oder Sonntag, wenn Sie sich mit ein wenig Ruhe zurückziehen können. Entscheidend ist, Tag und Uhrzeit so zu wählen, dass Sie davon überzeugt sind, daraus eine Gewohnheit machen zu können.

2. Ort. Wählen Sie für Ihren Überblick einen guten Ort – idealerweise eine ruhige Ecke ohne Ablenkungen. Ihr Büro oder Ihre Wohnung bieten sich an, doch Sie sollten sicher sein, dass Sie dort ungestört bleiben. Diese Zeit ist allein für *Sie* da. Viele mögen es, einen Rückzugsort zu haben, etwa ein Café, einen Park oder eine Bibliothek – insbesondere für den GTD-Wochenüberblick. Denken Sie darüber nach, Ihr Smartphone während dieser Zeit in den Flugmodus zu schalten.

3. Kalender. Öffnen Sie Ihren Terminkalender und tragen Sie für den von Ihnen gewählten Tag zur entsprechenden Uhrzeit »GTD-Wochenüberblick« ein; kennzeichnen Sie den Eintrag als wöchentlich »zu wiederholendes« Ereignis. Fangen Sie zunächst mit nur 30 Minuten an – das erleichtert es Ihnen, eine Routine zu entwickeln. In den nachfolgenden Wochen können Sie den Zeitrahmen immer wieder jeweils um etwa zehn Minuten erweitern. Widerstehen Sie dem Drang, in den ersten Monaten

Marathon-Übersichten durchzuführen: Es kann dazu führen, dass Sie sich danach geistig ausgelaugt fühlen und der Wunsch nachlässt, einen weiteren Überblick vorzunehmen. Legen Sie sich auf diese Verabredung mit sich selbst fest und bekräftigen Sie sie immer wieder. *Bewahren Sie sich diese Zeit – es ist Zeit, die nur für Sie da ist!*

4. Wiederholen. Sie sind auf dem Weg in Richtung stressfreie Produktivität – machen Sie sie jetzt zur Gewohnheit; führen Sie den Überblick wirklich jede Woche durch und sehen Sie zu, wie Sie immer besser darin werden, die Dinge geregelt zu kriegen. Tun Sie, was immer es erfordert, um Ihren Überblick jede Woche durchführen zu können. Sie dürften versucht sein, ihn auch mal ausfallen zu lassen, weil es Ihnen gerade zu viel wird … und zwar alles. Doch genau das ist der Punkt. Die Zeit des Wochenüberblicks dient dazu, über all das nachzudenken, Wege zu finden, wie es besser für Sie laufen kann, und sicherzustellen, dass Ihr System in einem guten Zustand ist.

5. Festigen. Es gibt tolle Wege, die Routine zu üben: Schnappen Sie sich einen Freund, dem Sie Ihre Fortschritte berichten können. Eine simple Text- oder Sprachnachricht mit »Ja« oder »Nein« kann Ihre Motivation aufrechterhalten, am Ball zu bleiben.

!

HIER ANHALTEN

Bevor Sie fortfahren, sollten Sie sichergehen, dass Sie Ihren Wochenüberblick wiederholt in Ihren Terminkalender eingetragen haben, denn andernfalls werden Sie ihn vermutlich nicht durchführen!

Häufig gestellte Fragen

Führen Sie einen GTD-Wochenüberblick durch

Wie viel Zeit sollte ich für jeden Schritt eines GTD-Wochenüberblicks aufwenden?
Nehmen Sie sich so viel Zeit, wie Sie brauchen, und machen Sie so lange, wie Sie einen Nutzen daraus ziehen.

Sollte ich zwei getrennte Übersichten durchführen – eine für die Arbeit und eine für private Dinge?
Das ist nicht empfehlenswert. Es fällt schwer genug, Zeit für einen Wochenüberblick zu finden, weshalb Sie das auf einen Durchgang pro Woche begrenzen und damit alle Bereiche Ihres Lebens abdecken sollten.

Was, wenn ich in Verzug gerate oder einen GTD-Wochenüberblick verpasse?
Das heißt, dass Sie ein normales Leben führen! Werten Sie das nicht als Versagen oder als etwas Schlimmes. Stellen Sie sich Ihren Wochenüberblick als ein Geschenk vor, das Sie sich selbst machen. Dann machen Sie den nächsten Wochenüberblick, sobald Sie können – um wieder auf Kurs zu kommen. Wahrscheinlich werden Sie bemerken, dass Sie nach einiger Zeit, in der Sie Ihren Überblick durchgeführt haben, sehr darauf achten werden, ob Sie einen ausfallen lassen. Das ist wie einmal Duschen auslassen – Sie werden sich unbehaglich fühlen und zukünftig tun, was Sie können, um Zeit dafür zu haben.

Die Checkliste für den GTD-Wochenüberblick wirkt ziemlich lang. In den ersten Wochen sollten Sie nur einen Teil durcharbeiten – für etwa 30 Minuten. Damit werden Sie Lust auf mehr in der folgenden Woche bekommen.

GRATULATION!

Sie haben Schritt 9 erfolgreich abgeschlossen!

Gehen Sie zur letzten Seite des Workbooks und bringen Sie Ihre Fortschrittsdokumentation mit dem heutigen Datum auf den neuesten Stand!

»Der GTD-Wochenüberblick ist der wichtigste Schritt für den langfristigen Erfolg von GTD. Wenn Sie ihn durchführen, wird Ihr System an Stabilität und Bedeutung gewinnen. Wenn Sie ihn auslassen, werden Sie nicht genügend praktische Erfahrungen sammeln.«

DAVID ALLEN

Phase 1 SAMMELN
Phase 2 VERARBEITEN
Phase 3 ORGANISIEREN
Phase 4 DURCHSEHEN
FÜNF
PHASEN

Ihre Checkliste »Durchsehen« ist auch Ihre Checkliste für den Wochenüberblick

Klarheit schaffen

- ☐ LOSE BLÄTTER, PAPIERE, NOTIZEN UND BELEGE SAMMELN
  Sammeln Sie alle angesammelten Visitenkarten, Belege und anderen Papiere in Ihrem Eingangskorb.
- ☐ DEN POSTEINGANG LEEREN
  Verarbeiten Sie alle Papiere, Notizbucheinträge, Mitschriften aus Besprechungen, Mailbox-Nachrichten, Aufnahmen auf dem Diktiergerät und E-Mails vollständig.
- ☐ DEN KOPF LEER BEKOMMEN
  Halten Sie alle noch nicht erfassten neuen Projekte, Aufgaben, Vorgänge aus den Kategorien »Warten auf« und »Irgendwann/Vielleicht« etc. schriftlich (in den entsprechenden Kategorien) fest.

Auf den aktuellen Stand kommen

- ☐ ALLE LISTEN MIT NÄCHSTEN SCHRITTEN DURCHGEHEN
  Streichen Sie durch, was erledigt ist. Sehen Sie nach, ob weitere Schritte festgehalten werden müssen.
- ☐ VERGANGENE KALENDEREINTRÄGE ÜBERPRÜFEN
  Die abgelaufene Woche im Kalender durchsehen, um festzustellen, ob noch Aufgaben, Referenzmaterial etc. verblieben sind, die Sie gleich ins aktuelle System übertragen.
- ☐ ANSTEHENDE TERMINE DURCHGEHEN
  Kurz- und langfristig anstehende Termine durchgehen: Erfassen Sie alle sich daraus ergebenden Aufgaben.
- ☐ »WARTEN AUF«-LISTE ÜBERPRÜFEN
  Halten Sie fest, was notwendig ist, um den Vorgang ggf. weiterzuverfolgen. Streichen Sie, was Sie bereits erhalten haben.

☐ LISTE DER PROJEKTE (UND DER GEWÜNSCHTEN ERGEBNISSE AUF HÖHEREN EBENEN) DURCHGEHEN
Bewerten Sie für jedes Projekt einzeln, welchen Stand Sie im Projekt, bei Zielen und gewünschten Ergebnissen erreicht haben, und stellen Sie sicher, dass in Ihrem System für jedes Projekt mindestens ein nächster Schritt definiert ist. Blättern Sie Ihre Projektpläne, Unterstützungsmaterialien und anderen Materialien, an denen Sie arbeiten, durch, um Impulse für neue Aufgaben, erreichte Ziele oder die »Warten auf«-Liste zu erhalten.

☐ ALLE RELEVANTEN CHECKLISTEN DURCHGEHEN
Verwenden Sie die Checklisten als Impuls für neue Aufgaben.

Kreativ werden

☐ »IRGENDWANN/VIELLEICHT«-LISTE DURCHGEHEN
Prüfen Sie, ob vielleicht eines Ihrer Projekte aktuell geworden ist, und verschieben Sie es ggf. in die dafür geeignete Liste. Löschen Sie, was nicht mehr interessant für Sie ist.

☐ KREATIV UND MUTIG WERDEN
Haben Sie irgendwelche neuen, wundervollen, verrückten, kreativen oder provokanten Einfälle und Ideen, die in Ihr System gehören?

»Die meisten Leute fühlen sich mit ihrer Arbeit in der Woche vor einem längeren Urlaub am besten. Das liegt nicht am Urlaub, sondern daran, dass sie all ihre Verpflichtungen überdenken, neu ausrichten und neu verhandeln, damit sie am Strand, auf den Skihängen oder beim Wandern in den Wäldern frei sein können. Ich schlage einfach nur vor, das wöchentlich statt einmal jährlich zu machen.«

DAVID ALLEN

SCHRITT 10

Nehmen Sie eine tägliche Durchsicht vor

Warum Sie diesen Schritt brauchen!

Sie sind Wissensarbeiter in einer sich rasch wandelnden Welt. Zu Ihrer Arbeit gehören Entscheidungen, die Sie in Sekundenbruchteilen treffen, und der Umgang mit ständig neuen Nachrichten und Informationen. Ihre Jobbeschreibung dürfte vieles von dem definieren, was Sie tun. Doch Ihr Leben, Ihre Karriere, was Sie erreichen und was Sie beschließen, heute zu erledigen, sind letztlich *Ihre Sache*. Das GTD-System, das Sie bis jetzt eingerichtet haben, wird Ihnen helfen, ein stressfreies und produktives Leben zu führen.

Dieser letzte Schritt greift alles bisher Gelernte auf und zeigt Ihnen, wie Sie Ihre täglichen Aufgaben mit Ihrer Zeit und Ihrem Denken in Einklang bringen können.

DAS SAGT DAVID

»Ein klarer Kopf und entspannte, fokussierte Kontrolle sind davon abhängig, ob Sie sich mithilfe der angemessenen ›Landkarten‹ in Raum und Zeit orientieren – also den Listen und Übersichten Ihrer Verpflichtungen und Interessen. Der wahre Wert eines selbst geschaffenen externen Gehirns – und genau das tun Sie mit GTD – liegt darin, dass Sie in jedem Moment gute intuitive Entscheidungen treffen können.«

SCHRITT 10

Step-by-Step

1. Sehen Sie als Erstes Ihren Terminkalender durch.
2. Führen Sie eine »Dringlichkeitsprüfung« durch.
3. Überprüfen Sie Ihre Listen.
4. Planen Sie »Zeit zum Verarbeiten« ein.
5. Identifizieren und beachten Sie Ihre Eingrenzungskriterien.

1. Sehen Sie als Erstes Ihren Terminkalender durch.

Sehen Sie sich die *unveränderliche Landschaft* Ihres Tages an, die Sie anhand Ihrer Kalendereinträge festgelegt haben. Dazu gehört alles, wozu Sie sich verpflichtet haben, etwa Meetings, Termine, gewisse Arbeitsergebnisse – die Dinge, die an diesem Tag irgendwie *abzuhandeln sind.* Außerdem sollten Sie auch alles andere einbeziehen, was an diesem Tag relevant werden könnte.

2. Führen Sie eine »Dringlichkeitsprüfung« durch.

Als Nächstes führen Sie eine »Dringlichkeitsprüfung« durch, damit Sie sehen, ob etwas anliegt, um das Sie sich sofort zu kümmern haben. Vergessen Sie nicht, dass es sich um ein rasches Überfliegen handelt – fünf bis höchstens zehn Minuten. Die Herausforderung besteht darin, sich nicht von dem ablenken zu lassen, was Sie da finden – Sie haben später noch Zeit, Ihre E-Mail- und andere Kommunikation im Rahmen Ihrer »geplanten Arbeit« zu verarbeiten und zu organisieren. Im Moment lautet Ihre Aufgabe nur, dringende Angelegenheiten ausfindig zu machen.

3. Überprüfen Sie Ihre Listen.

Gehen Sie Ihre Nächste-Schritte-Liste(n) durch. Überlegen Sie, welche Aktionen Sie im aktuellen Kontext (das wird gleich genauer erklärt) und im gerade verfügbaren Zeitrahmen ausführen können und welche Sie zu den Dingen legen, die Sie heute später am Tag erledigen werden. Das ist eine kurze Auflistung all dessen, was Sie an diesem Tag wirklich voranbringt.

4. Planen Sie »Zeit zum Verarbeiten« ein.

Das ist die Zeit, die Sie brauchen, um sich um die im »Eingang« anstehenden Punkte zu kümmern und sie zu verarbeiten, wie Sie das zuvor in Phase 2 »Verarbeiten« gelernt haben. An dieser Stelle planen Sie Zeit in Ihrem Terminkalender ein (oder blocken sie), damit klar wird, dass Sie für diese entscheidende Tätigkeit Zeit brauchen. Denken Sie an eine *angemessene* »Verarbeitungszeit« – nehmen Sie sich also nicht zu viel vor.

HIER ANHALTEN

Ehe Sie fortfahren, führen Sie einen raschen Überblick durch – dazu folgen Sie den Schritten 1 bis 4 der vorigen Seiten. Machen Sie es kurz; Sie sollen nur eine Idee davon bekommen, wie sich der Prozess anfühlt.

Wie viel Zeit brauche ich täglich?

Eine typischer Berufstätiger, so wie die meisten von Ihnen, braucht täglich 60 bis 90 Minuten, um das in den Griff zu bekommen, was bereits angefallen ist – um all die E-Mails und die anderen eingehenden Dinge zu verarbeiten und abzuhandeln! Die meisten Leute planen die zur Verarbeitung erforderliche Zeit nicht bewusst ein. Es fällt leicht, sich *nicht* die Zeit zu nehmen, um all die neuen »Eingänge« konzentriert zu verarbeiten. Das aber führt zu einem Übermaß an unverarbeiteten Elementen und zu einem Gefühl der Überforderung. Sich Zeit für das Verarbeiten zu nehmen, ist die einzige Möglichkeit, dem Gefühl der Überforderung vorzubeugen. Ihren »Eingang« sollten Sie täglich leeren. Das gilt auch dann, wenn Sie auf einer Dienstreise, bei einem Meeting außer Haus oder im Urlaub sind: Sie sollten damit rechnen, dass Sie für jeden Tag außerhalb des Büros eine Stunde brauchen, um alles nachzuholen! Wenn Sie Ihre anfallenden Angelegenheiten konsequent abhandeln und Terminkalender sowie Listen auf dem Laufenden halten, werden Sie Vertrauen in Ihr System entwickeln.

5. Identifizieren und beachten Sie Ihre Eingrenzungskriterien.
Ist Ihnen aufgefallen, dass im Laufe des Tages **Einschränkungen** auftauchen, die dem, was Sie bearbeiten, Grenzen setzen? Wenn Sie diese kennen und mit ihnen umzugehen wissen, hilft Ihnen das, sich auf die Aktionen zu konzentrieren, die im Hier und Jetzt zu erledigen sind. Es gibt vier zentrale Eingrenzungskriterien:

1. Kontext – Was Sie erledigen können, hängt oft davon ab, wo Sie sich gerade befinden. Der Kontext bezieht sich darauf, wo Sie sind – in Ihrem Büro, im Auto, zu Hause, am Flughafen –, und auf die Werkzeuge, die gerade zur Hand sind – etwa Ihr Smartphone oder Ihr Computer. Je nach Kontext brauchen Sie auf Ihrer Liste nur die nächsten Schritte zu berücksichtigen, die Sie am jeweiligen Ort und mit den verfügbaren Werkzeugen erledigen können.

2. Verfügbare Zeit – Wie viel Zeit haben Sie in diesem Moment zur Verfügung? Was Sie genau jetzt erledigen können, ist durch die Zeit begrenzt, die Sie haben, ehe Sie etwas anderes zu tun haben. Eine in 15 Minuten anstehende Besprechung dürfte verhindern, dass Sie Aufgaben erledigen, die mehr Zeit erfordern. Deshalb sollten Sie einen nächsten Schritt auswählen, den Sie in der verfügbaren Zeit voranbringen oder sogar abschließen können.

3. Verfügbare Energie – Ihr Energieniveau schwankt im Laufe des Tages. Wählen Sie eine Aufgabe, die zu Ihrem Energieniveau passt. Es mag Ihnen merkwürdig vorkommen, dass ein Buch über Workflow und effektiven Umgang mit Informationen, E-Mails und Papierkram Ihr Energieniveau berücksichtigt. Doch es handelt sich um einen wichtigen Faktor: Wenn Sie Ihr Energieniveau bei der Wahl ihres nächsten Schrittes außer Acht lassen, wird das Folgen haben. Es wird erwartet, dass wir stets mit gleichbleibend viel Energie arbeiten, doch tatsächlich schwanken physische, geistige und kreative Energie im Tagesverlauf erheblich. Um die höchste Produktivität zu erreichen, sollten Sie Aktionen wählen, die Ihrer verfügbaren Energie entsprechen. Sie wissen wahrscheinlich selbst, zu welcher Zeit des Tages Ihr Energielevel hoch genug ist, um kreativ zu sein oder ein großes Projekt anzupacken. Und wenn Sie merken, dass Ihre Energie nachlässt, wählen Sie Aufgaben, die einfacher abzuschließen sind, etwa Routinearbeiten oder administrative Pflichten oder Besorgungen, damit Sie wach und in Bewegung bleiben. Manchmal ist das Effektivste, was Sie in genau diesem Moment machen können, eine Pause oder ein Spaziergang um den Block.

4. Priorität – Welche Aktion hat die höchste Priorität? Die Antwort wollen wir alle wissen. Was sollte ich angesichts all dessen, was ich zu erledigen habe, *jetzt* in die Hand nehmen? Was Prioritäten angeht, sollten Sie sich die folgende Aussage merken: Sie *setzen* keine Prioritäten, Sie *haben* welche.

Bei der Umsetzung von GTD haben Sie bisher eine Liste von Projekten und verschiedenen nächsten Schritten zusammengestellt, die als Basis für verlässliche Entscheidungen dient. Sobald Sie eine vollständige Bestandsliste Ihrer Verpflichtungen zur Hand haben, können Sie die Eingrenzungskriterien (Kontext, Zeit und Energie) auf effektive Weise nutzen, um Ihr Leben und Ihre Arbeit langfristig zu lenken.

HIER ANHALTEN

Nehmen Sie sich einen Moment, um genau jetzt die Eingrenzungskriterien in Ihrem Leben zu bewerten!

1. **Kontext** – Wo bin ich ... genau jetzt? Welche Restriktionen oder Einschränkungen sind damit verbunden?
2. **Verfügbare Zeit** – Wie viel Zeit habe ich zur Verfügung ... genau jetzt?
3. **Verfügbare Energie** – Wie steht es um mein Energieniveau ... genau jetzt? Und wofür reicht meine Energie in diesem Augenblick?

NIEDRIG	MITTEL	HOCH

4. **Priorität** – Was ist das Wichtigste, was ich genau jetzt mit der verfügbaren Zeit und Energie erledigen kann?

Häufig gestellte Fragen

Erledigen: Entscheiden, was genau jetzt gemacht wird

Prioritäten setzen ist leichter gesagt als getan. Wie erkenne ich, dass ich die richtigen Entscheidungen bezüglich der Priorität treffe?
Lernen Sie, der leisen Stimme zu vertrauen, die Sie besser kennt, als Sie es tun, und die vermutlich eher als Sie weiß, was gut für Sie ist.

Es funktioniert nicht, wenn Sie der Reihe nach die zehn wichtigsten Dinge auflisten, die Sie abzuschließen haben. Um 20 Uhr werden Sie andere Prioritäten haben als um 10 Uhr morgens. Manchmal ist es für Sie das Wichtigste, Ihre Pflanzen zu gießen.

Es ist in Ordnung, sich auf die wenigen vorrangigen Dinge zu konzentrieren, die Sie zu bearbeiten haben, sofern Ihr übriger Tagesablauf gleich bleibt. Sie sollten sich nur nicht zu sehr auf diese Liste festlegen und frustriert sein, wenn unvorhergesehene Aufgaben auftauchen und Ihren Fokus verändern.

Wie sagte doch Ralph Waldo Emerson: »Vertraue dir selbst! Jedes Herz vibriert mit dieser eisernen Saite.«

Woran erkenne ich, wann es für mich okay ist, eine Pause einzulegen?
Gestatten Sie sich selbst jeden Tag einen gewissen zeitlichen Puffer. Sie möchten Ihre Energie und einen klaren Kopf behalten – machen Sie also Pause, wenn Sie es brauchen. Wenn Sie Hunger haben, essen Sie einen Happen. Wenn Sie zu lange gesessen haben, gehen Sie ein paar Schritte. Wenn Sie gerade aus einem stressigen Meeting gekommen sind, machen Sie das, was erforderlich ist, um Ihre Konzentration und Ihre Energie zu regenerieren.

Wie kann ich meine Arbeit im Griff behalten und trotzdem die Urlaubszeit genießen?

An sich ist es weder gut noch schlecht, im Urlaub mit beruflichen Dingen zu tun zu haben. Alles hängt von den vielen situativen Variablen ab. Hier ein paar grundlegende Tipps, wie Sie bei Arbeitsaufgaben nicht ins Hintertreffen geraten und gleichzeitig einen stressfreien Urlaub genießen können:

- Bevor Sie in den Urlaub starten, sollten Sie jeglichen Rückstand aufarbeiten, aufräumen, um auf den aktuellen Stand zu kommen.
- Definieren Sie »Urlaub« als Projekt, sobald Sie ihn auf dem Schirm haben, und bestimmen und beenden Sie schnellstmöglich die Handlungsschritte für diesen Urlaub.
- Sie sollten stets ein Sammelwerkzeug bei sich haben. Die gesammelten Punkte müssen Sie erst nach Ihrer Rückkehr verarbeiten, doch Ideen sollten Sie erfassen, solange sie frisch sind.
- Geben Sie Mitarbeitern Ihre Kontaktdaten und klären Sie im Vorhinein, was ein »Notfall« sein könnte, wegen dem Sie wirklich kontaktiert werden müssen.
- Blocken Sie in Ihrem Terminkalender mindestens einen ganzen Tag oder auch zwei Tage, um nach Ihrer Rückkehr wieder auf den aktuellen Stand zu kommen.

GRATULATION!

Sie haben Schritt 10 erfolgreich abgeschlossen!

Gehen Sie zur letzten Seite des Workbooks und bringen Sie Ihre Fortschrittsdokumentation mit dem heutigen Datum auf den neuesten Stand!

Phase 1 SAMMELN

Phase 2 VERARBEITEN

Phase 3 ORGANISIEREN

Phase 4 DURCHSEHEN

Phase 5 ERLEDIGEN

FÜNF PHASEN

Ihre Checkliste für das Erledigen

Hier folgen die empfohlenen Aktivitäten, anhand derer Sie entscheiden, woran Sie arbeiten:

- ☐ Jeden Morgen oder Vorabend werde ich eine tägliche Durchsicht vornehmen, indem ich meinen Terminkalender und meine Nächste-Schritte-Liste(n) durchgehe.
- ☐ Für das Verarbeiten und das Organisieren aller neu auftretenden Elemente werde ich Zeit einplanen (typischerweise 60 bis 90 Minuten täglich).
- ☐ Um mir die Entscheidung zu erleichtern, »was jetzt zu tun ist«, werde ich die vier folgenden Eingrenzungskriterien nutzen: Kontext, verfügbare Zeit, verfügbare Energie und Priorität.

GRATULATION!

Sie haben soeben alle 10 Schritte für stressfreie Produktivität abgeschlossen!

Blocken Sie in Ihrem Terminkalender Zeit fürs Feiern; falls Ihre Feier weniger als zwei Minuten beansprucht, feiern Sie gleich jetzt!

BEURTEILEN SIE IHRE AKTUELLE

Eine (kurze, aber äußerst hilfreiche) Selbsteinschätzung Ihrer aktuellen Situation

Datum: ______________

Nachdem Sie nun alle zehn Schritte gegangen sind, wollen wir sehen, wie stark sich Ihre Produktivität verbessert hat. Bewerten Sie die folgenden Aussagen anhand der vorliegenden Skala:

Bewertungsskala

1 = Trifft absolut nicht zu; **2** = Trifft nicht zu; **3** = Unentschieden; **4** = Trifft zu;
5 = Trifft voll und ganz zu

1	Ich notiere Ideen und To-dos, sobald sie mir in den Sinn kommen.	1	2	3	4	5
2	Ich führe eine vollständige Liste aller meiner nächsten Schritte.	1	2	3	4	5
3	Ich halte fest, worauf ich von anderen Menschen warte.	1	2	3	4	5
4	Mein Kalender enthält nur Termine und tagesspezifische Informationen, die ich wirklich brauche.	1	2	3	4	5
5	Ich habe eine Liste aller meiner aktuellen Projekte.	1	2	3	4	5
6	Ich habe mindestens einen nächsten Schritt für jedes meiner Projekte.	1	2	3	4	5
7	Ich kriege meinen E-Mail-Posteingang fast jeden Tag auf null, indem ich jede einzelne Mail durchgehe und sie entsprechend verarbeite.	1	2	3	4	5
8	Ich kann Referenzmaterial bei Bedarf leicht abrufen und darauf zugreifen, unabhängig davon, ob es papierbasiert oder digital ist.	1	2	3	4	5

SITUATION ... ERNEUT

9	Ich habe überall Eingangskörbe, um Zeugs zu sammeln. Egal, ob papierbasiert oder digital.	1 2 3 4 5
10	Ich leere so gut wie täglich meine papierbasierten Eingangskörbe.	1 2 3 4 5
11	Wenn ich aus meinem System falle, komme ich wieder auf Kurs, indem ich meine nächsten Schritte, Projekte und meinen Kalender durchsehe.	1 2 3 4 5
12	Ich nehme mir jede Woche Zeit, um zu überprüfen, wie es mir mit meinen beruflichen/privaten Aufgaben geht.	1 2 3 4 5
13	Ich habe einen vertrauenswürdigen Ort, welchen ich leicht finden und durchsehen kann, um zusätzliche Informationen zu meinen aktuellen Projekten zu erhalten.	1 2 3 4 5
14	Ich habe einen Orientierungsrahmen, den ich nutzen kann, um auszusuchen, woran ich zu einem bestimmten Zeitpunkt arbeiten möchte.	1 2 3 4 5
15	Wenn unerwartete Anforderungen oder Unterbrechungen auftreten, kann ich das Neue leicht im Verhältnis zu meinen anderen Aufgaben priorisieren.	1 2 3 4 5

Gesamtpunktzahl: ______ von 75

Auswertung

15–30 Sie brauchen GTD noch immer. Wir empfehlen Ihnen, das Workbook noch einmal durchzuarbeiten.

31–46 Sie bekommen eine Ahnung von dem Gefühl, ein produktives Leben zu führen.

47–62 Sie machen das gut! Weiter so!

63–75 Sie beherrschen GTD schon fast meisterlich! Eine Feinabstimmung wird Sie weit voranbringen.

4

MEHR

ÜBER GTD®

1. Weitere Einblicke und Übungen
2. Werden Sie zum GTD-Profi!
3. Ihr Weg nach vorn

Weitere Einblicke und Übungen

Fokushorizonte

Projekte mithilfe des Natürlichen Planungsmodells in Gang bringen

Papier-Rückstau auflösen

Wieder Kurs aufnehmen

E-Mail-Rückstau auflösen

Werden Sie zum GTD-Profi!

Ihr Leben beinhaltet sicherlich viele Bereiche, in denen Sie noch nicht das Gefühl haben, »angekommen« zu sein. Immer wieder begegnen Sie neuen Herausforderungen und Aufgaben. Und noch ist kein Ende in Sicht, wenn es darum geht: immer besser zu werden, sich neue Gewohnheiten anzueignen, andere zu führen, fit zu bleiben, als Eltern da zu sein, gesund zu essen, ein Musikinstrument zu spielen, Yoga oder eine Kampfsportart zu betreiben oder auch Meditation oder Achtsamkeit zu üben.

Wenn Sie Ihren Weg zum GTD-Profi weiter fortsetzen, werden Sie in Ihrer Arbeit und in Ihrem Leben größere langfristige Vorteile erzielen. Wenn Sie GTD weiter in Ihr Leben – Ihr ganzes weiteres Leben – integrieren, bleiben Sie weiterhin auf Kurs.

Dass Sie die Schritte dieses Workbooks alle vollständig befolgt haben, heißt nicht, dass das *Lernen* von GTD zu Ende ist. Das wäre, als würden Sie ein Buch über Fitness lesen und dann nichts weiter damit tun. Das gilt in gleicher Weise für den Aufbau und die Aufrechterhaltung des GTD-Systems, das Sie mit dem Lesen dieses Workbooks anzuwenden begonnen haben – es ist wichtig, dass Sie weiterhin dranbleiben. Hier gibt es noch einige Hilfsmittel:

Bücher über GTD

David Allens Bücher ermöglichen es, tiefer in GTD einzusteigen.

GettingThingsDone.com

Besuchen Sie https://www.gettingthingsdone.com oder https://www.next-action.de. Dort finden Sie:

- Daten kommender öffentlicher Veranstaltungen
  In Deutschland angeboten von Next Action Partners: https://www.next-action.de/vortraege/
- GTD Connect: Werden Sie Mitglied, und erhalten Sie Videos und Werkzeuge von zertifizierten GTD-Trainern und Coaches
- Den GTD-Blog unter http://gettingthingsdone.com/gtd-times
- Folgen Sie auch unseren GTD-Podcasts: Abrufbar bei iTunes, Google Play Music und Spotify

GTD Connect

GTD Connect (www.GTDConnect.com) ist ein Mitgliederportal für alle, die ihre GTD-Praxis weiterentwickeln wollen. Auf der Website von GTD Connect können Sie zusehen, zuhören und lernen; Sie können Inhalte zum Mitnehmen herunterladen und sich Arbeitsmaterialien bequem nach Hause schicken lassen.

Ihr Weg nach vorn

Herzlichen Glückwunsch zum erfolgreichen Abschluss des *Getting-Things-Done-Workbooks*. Ich hoffe, dieses Buch hat Ihnen dabei geholfen, mit weniger Anstrengung und Stress mehr geregelt zu bekommen. Sie haben vielleicht, wie andere auch, festgestellt, dass mehr hinter der GTD-Methode steckt, als auf Anhieb zu erkennen ist. Vor allem die einzigartige Sichtweise, dass man jedes Problem als Projekt betrachten kann, zeichnet GTD aus und verändert Leben.

Ich hoffe sehr, dass Sie Ihren wasserklaren Geist genießen konnten und dass Ihre kreativen Energien durch die Nutzung dieser Methoden freigesetzt wurden. Bleiben Sie aufgeschlossen, gehen Sie angemessene Risiken ein, achten Sie auf die Ergebnisse und nehmen Sie Kurs-Korrekturen vor – werden Sie so zum GTD-Profi.

Wir wünschen Ihnen weiterhin ein großartiges Leben!

David Allen und Brandon Hall

IHRE FORTSCHRITTS

5

DOKUMENTATION

Sammeln

Schritt 1	Sammeln Sie allen eingehenden Papierkram in einem Eingangskorb	Datum
Schritt 2	Wählen Sie Ihr Sammelwerkzeug	Datum
Schritt 3	Führen Sie eine Gedankensammlung durch	Datum

Verarbeiten

Schritt 4	Leeren Sie Ihren Eingangskorb	Datum
Schritt 5	Leeren Sie Ihr E-Mail-Postfach	Datum

Organisieren

Schritt 6	Erstellen Sie Ihre Nächste-Schritte-Liste und andere Listen	Datum
Schritt 7	Behalten Sie Ihre Projekte auf einer einzigen Liste im Blick	Datum
Schritt 8	Richten Sie Ordner ein, um organisiert zu bleiben	Datum

Durchsehen & Erledigen

Schritt 9	Führen Sie einen GTD-Wochenüberblick durch	Datum
Schritt 10	Nehmen Sie eine tägliche Durchsicht vor	Datum

DANK

Tiefe Dankbarkeit empfinden wir für Treion Mullers viele Stunden fachkundiger Hilfe, mit der er uns bei Design, Ton und redaktioneller Bearbeitung des Workbooks unterstützt hat.

Wir danken Mindy Powell für ihre Unterstützung bei der Entwicklung der »10 Schritte«.

Unseren Herausgeber bei Penguin Random House, Rick Kot, schätzen wir weiterhin sehr – er bot uns während des gesamten Projekts eine Menge Hilfe; das gilt auch für unsere Agentur Doe Coover, die das Projekt in Gang gebracht hat.

Brandon bedankt sich ganz besonders bei Marian Bateman, die ihn über viele Jahre hinweg in erstaunlicher Weise in GTD trainiert hat. Und das wäre nicht zustande gekommen ohne Kathryn Allens unermüdliche Bemühungen, die ganze Zusammenarbeit zu koordinieren.

NE»T ACTION
PARTNERS